Thomas Riegler
Das Klebstoffbuch
Einfach alles kleben

Das Klebstoffbuch

Einfach alles kleben

Thomas Riegler

vth Verlag für Technik und Handwerk neue Medien GmbH
Baden-Baden

vth -Fachbuch
Best.-Nr.: 3102252

Redaktion: Oliver Bothmann

Bibliografische Information der Deutschen Nationalbibliothek:
Die Deutsche Nationalbibliothek verzeichnet diese Publikation
in der Deutschen Nationalbibliografie; detaillierte bibliografische
Daten sind im Internet über http://dnb.d-nb.de abrufbar.

ISBN 978-3-88180-467-7
© 1. Auflage 2015 by Verlag für Technik und Handwerk neue Medien GmbH
Postfach 22 74, 76492 Baden-Baden

Alle Rechte, besonders das der Übersetzung, vorbehalten.
Nachdruck und Vervielfältigung von Text und Abbildungen, auch
auszugsweise, nur mit ausdrücklicher Genehmigung des Verlags.

Printed in Germany
Druck: Griebsch & Rochol Druck GmbH, Hamm

Inhaltsverzeichnis

Einleitung 9
Rückblick 11
Klebstoffarten 13
    Nassklebstoffe 13
    Kontaktklebstoffe 15
    Reaktionsklebstoffe 17
    Schmelzklebstoffe 17
    Haftklebstoffe 17
    Sekundenkleber 18
Stichwort: Zugfestigkeit 17
Sicherheitshinweise 19
Klassische Universalkleber 21
    Für alle Fälle 21
    Neue Universalkleber 21
    Kontaktkleber 22
Alles Plastik oder was? 23
    Kunststoffarten 23
        Thermoplaste 24
        Arten von Thermoplasten 24
        EPP 24
        Duroplaste 24
        Elastomere 24
        GFK 24
        CFK 25
        Depron und Selitron 25
        Polystyrol 25
    Herausforderung 25
Spezialkleber für Modellbau-Kunststoffe 27
    Der Klassiker 30
    Weitere Modellbaukleber 30
Sekundenkleber 33
    Arten von Sekundenklebern 33
    Umgang mit Sekundenklebern 34
    Eigenschaften 34
    Arbeiten mit Sekundenkleber 35
    Schnellklebstoffe 35
    Richtige Aufbewahrung 37
Zweikomponentenkleber 39
    Zweikomponentenkleber vorgestellt 39
    Geeignet für 39
    Zweikomponentenkleber verarbeiten 40

Trocknungsprozess	41
Wärmebelastbarkeit	42
Zweikomponentenkleber zum selbst anrühren	42
Zweikomponentenkleber entfernen	43
Alles Holz	45
Klassischer Leim	45
Expressleim	46
Wasserfester Leim	47
Lagerung	47
Heißkleben	49
Heißklebepistole	49
Klebestifte	49
Heißklebepistole vorgestellt	51
Arbeiten mit der Heißklebepistole	54
Schraubensicherungslacke	55
Multifunktionale Sicherungslacke	55
Schraubensicherungslack anwenden	56
Klebepraxis	59
Erste Arbeitsschritte	59
Kleben mit Kunststoffklebern	61
Beli-Zell Konstruktionsklebstoff	65
Beli-Zell Kontaktklebstoff	69
Pattex Kraftkleber Classic	70
Pattex Kraftkleber transparent	71
Alleskleber	73
UHU Por	74
UHU allplast	75
Sekundenkleber	76
Kunststoff mit Leim kleben	78
Reaktion auf Schaumstoff	81
Revell Contacta Liquid	81
Revell Contacta Professional	82
UHU Por	82
UHU Allplast	82
Konstruktionskleber	82
Kraftkleber	82
Alleskleber	83
Sekundenkleber	83
Leim	83
Nicht zwingend Zerstörung	83
Kleben von Schaumstoff	85
Kleben mit Kontaktklebstoff	87
Arbeiten mit Zweikomponentenkleber	91
Zweikomponentenkleber-Spritzen	91
Schnell und doch langsam	96
Perfekte Klebung	98

- Zweikomponentenkleber Part II 99
  - Arbeitsvorbereitung 99
  - Vorteil 101
  - Schnell arbeiten 101
  - Kleben von Schaumstoffen 103
- Kleben mit der Heißklebepistole 105
  - Schnell arbeiten 107
  - Feste Verbindung 109
  - Kunststoff kleben 109
- Kleben von Holz 111
  - Ponal Classic 111
  - Ponal Express 113
  - Ponal Wasserfest 115
  - Kraftkleber 116
  - Universalkleber 118
  - Kunststoffkleber 120
  - Weitere Kunststoffkleber 122
  - Sekundenkleber 123
  - Sekundenkleber 2 124
  - Kontaktkleber 126
  - Konstruktionsklebstoff 128
  - Zweikomponentenkleber 130
  - Kleben mit der Heißklebepistole 132
- Kleberreste entfernen 135
  - Geheimwaffe Hitze 135
  - Variante 1: Wasser 135
  - Variante 2: Hitze 137
  - Vorsicht! 138
- Haltbarkeit von Klebern 139
  - Neu, gebraucht 141
- Die Wahl des richtigen Klebstoffs 143
- Aktivatoren 145
  - Arbeiten mit Aktivatoren 146
- Wenn der Supergau eintritt 149
  - Worauf es ankommt 149
  - Versuch 1: 2K-Kleber 149
  - Versuch 2: Kontaktkleber 152
  - Versuch 3: Universalkleber 155
  - Versuch 4: Heißkleben 157
  - Gewinner und Verlierer 158
- Tipps und Tricks rund ums kleben 159
  - Wie man Sekundenkleber von der Haut entfernt 159
  - Sekundenkleber von schwer zugänglichen Teilen entfernen ... 159
  - Blooming-Effekt vermeiden 160
  - PE mit Sekundenkleber kleben 160
  - Leim aus Textilien entfernen 160

Einleitung

Klebstoffe gibt es wie Sand am Meer. Die einen kleben dies, andere kleben das und der Kleber, den man gerade daheim hat, klebt nicht das, was wir von ihm erwarten. Den für alle Anwendungen geeigneten Kleber gibt es nicht. Auch dann nicht, wenn uns die Werbung etwas anderes glauben machen will.

Genau genommen geht es nicht nur darum, welche Werkstoffe mit einem Kleber zusammengefügt werden können, sondern auch, wie fest die Klebestelle wird. Von typischen Haushalts-Allesklebern, so wie sie auch gerne zum Basteln im Kindergarten oder der Schule verwendet werden, pappen zwar vieles zusammen. Der ausgehärtete Kleber bleibt an der Verbindungsstelle jedoch ziemlich weich und flexibel. Damit sind solche Klebestellen ungeeignet, höheren mechanischen Belastungen Stand zu halten.

Im Modellbau werden von Klebstoffen höchste Anforderungen erwartet. Wobei Kleber beim Zusammenbauen von Modellen ebenso zum Einsatz kommen, wie bei der Reparatur. Bestes Beispiel dafür ist eine beschädigte oder abgebrochene Tragfläche eines RC-Modellfliegers nach einer harten Landung. Mit dem richtigen Klebstoff ist das Flugzeug bereits am nächsten Tag wieder einsatzbereit. Womit man sich häufig die Besorgung teurer Ersatzteile ebenso sparen kann, wie langwierige Reparaturarbeiten. Einzige Voraussetzung: Es sind noch alle Bruchstücke vorhanden.

Beim Aufbau von Modellen sind wir mit den unterschiedlichsten Materialien konfrontiert. Die Bandbreite reicht dabei von Kunststoffen aller Art über Papier, Metall und Stoff bis Holz. Wobei wir von Klebern erwarten, dass sie auch unterschiedliche Materialien fest aneinander binden.

Rückblick

Kleben gewinnt in allen Lebensbereichen zunehmend an Bedeutung. Wurde vor wenigen Jahrzehnten in der industriellen Fertigung noch vorwiegend geschraubt, geschweißt und genietet, werden diese Verfahren zunehmend von Klebstoffen verdrängt. Bereits heute wird unter anderem in der Autoindustrie viel geklebt und 2014 wurde bereits darüber berichtet, dass schon in naher Zukunft unsere Häuser zusammengeklebt werden könnten.

Man möchte meinen, dass kleben auf einer 1932 vom deutschen Apotheker August Fischer im badischen Bühl gemachten Entdeckung beruht. Er erkannte, dass eine auf Polyvinylacetat beruhende Lösung einen guten Kunstharzklebstoff ergibt. Er wurde und wird noch heute unter dem Namen der größten lebenden Eulenart, dem Uhu, vertrieben. Der in Tuben vertriebene Kleber findet vor allem in Haushalt und im Schul-Bastelunterricht Verwendung.

Geklebt wird allerdings schon viel länger. Bereits vor über 200.000 Jahren erkannten unsere Vorfahren, dass sich aus Birkenpech ein Klebstoff durch Trockendestillation gewinnen lässt. Der auf diese Weise gewonnene Kleber wurde nachweislich schon vor mindestens 45.000 Jahren von den Neandertalern und dem Homo sapiens (dem modernen Menschen) zur Herstellung von Werkzeugen genutzt, indem sie Holz und Stein miteinander verbanden.

Vor etwa 6.000 Jahren nutzten die Mesopotamier Asphalt, indem sie damit Tempel errichteten. Etwa 1.000 Jahre später dienten den Sumerern tierisches Blut und Eiweiß als Klebstoffe. Außerdem gewannen sie eine Art Glutinleim durch Kochen von Tierhäuten. Vor 3.500 Jahren setzten die Ägypter tierische Leime für Furnierarbeiten ein. Im antiken Griechenland war bereits der Beruf des Leimsieders bekannt. Seit damals hat sich bis heute im Griechischen das Wort „Kolla" für Leim erhalten. Selbstverständlich war Leim auch bei den alten Römern bekannt. Sie nannten ihn Glutinum.

Die Bedeutung von Klebstoffen steigt in unseren Breiten erst mit der Einführung des Buchdrucks um 1.500. Kleber erlauben erst die Herstellung von Büchern. Die erste Leimfabrik nahm 1690 in den Niederlanden ihren Betrieb auf.

Klebstoffe, so wie wir sie heute kennen, gibt es erst seit etwa 130 Jahren. Den Anfang machte 1888 der Malermeister Ferdinand Sichel aus Hannover, der den ersten gebrauchsfertigen Tapetenkleister entwickelte. Im frühen 20. Jahrhundert werden mehrere Patente zur Herstellung von Klebern aus synthetischen Rohstoffen angemeldet. Erst 1932 gelang die Entwicklung eines gebrauchsfertigen, glasklaren Kunstharzklebers, der noch heute in gelben Tuben verkauft wird.

1940 wurde schließlich der Markenname für ein 1935 entwickeltes transparentes Klebeband beim Deutschen Patentamt eingetragen. 1942 wurde der Sekundenkleber entdeckt.

1960 startet die Produktion für Klebstoffe für die Metall- und Kunststoffbearbeitung. 1969 wird der erste Klebestift auf den Markt gebracht. Das jüngste Kind in der Reihe der Klebstoff-Entwicklungen sind die kleinen gelben Haftzettel, die es seit 1980 gibt.

Aus den ersten Klebstoff-Patenten des frühen 20. Jahrhunderts hat sich innerhalb von 100 Jahren ein Industriezweig entwickelt, der unser aller Leben nachhaltig verändert hat. Dabei sollten wir nicht vergessen, dass die Klebe-Revolution erst so richtig ins Laufen kam, als unsere Eltern und Großeltern noch jung waren. Und das ist gemessen an der über 200.000 Jahre alten Geschichte des Klebens noch gar nicht lange her.

2008 wurden weltweit übrigens über 30.000 verschiedene Klebstoffe von über 1.500 Firmen hergestellt. Wobei die Entwicklung der Klebstoffe längst nicht abgeschlossen ist.

Klebstoffarten

Flüssigklebstoffe lassen sich in mehrere Kategorien einteilen. Sie entscheiden auch mit, für welche Einsatzgebiete sie geeignet sind.

Nassklebstoffe

Man unterscheidet zwei Arten von Nassklebstoffen. Jene mit und jene ohne Lösungsmittel. Bei lösungsmittelfreien Nassklebern ist Wasser die Trägersubstanz. Bei Klebern mit Lösungsmitteln können verschiedene Lösungsmittel zum Einsatz kommen. Sie entscheiden darüber, wie schnell der Nasskleber seine Klebeleistung entfaltet. Diese entsteht nämlich erst allmählich mit dem verdunsten des Lösungsmittels oder des Wassers. Damit wird die Klebedauer auch von den zu klebenden Materialien beeinflusst.

Lösungsmittel kommen besonders zum Einsatz, wenn eine schnelle Klebung gefordert wird. Etwa, wenn die Wellung durch aufgeweichtes Papier oder Pappe vermieden werden soll oder wenn nicht poröse Materialien, wie Metalle, Hartkunststoff oder Porzellan, geklebt werden sollen. Für solche Anwendungen kommen zum Beispiel in Alkohol oder Aceton verflüssigte Harze oder Kautschuke zum Einsatz. Die Haftkraft entsteht erst durch die Verdunstung des Lösungsmittels. Bei undurchlässigen Werkstoffen kann der Flüssigkeitsanteil nur seitlich entweichen. Was eine gewisse Zeit dauern kann, während der die zu klebenden Teile möglichst nicht bewegt werden sollten. Bei zu klebenden undurchlässigen Stoffen sollte die Klebefläche schmal und lang gestreckt sein. Nur so ist ein gleichmäßiges Verdunsten des Lösungsmittels durch den seitlichen Spalt gewährleistet.

Bei porösen Stoffen, wie Pappe, Holz oder etwa Leder, kann das Lösungsmittel gut durch den Werkstoff entweichen. Für solche Anwendungen bieten sich insbesondere auch lösungsmittelfreie Nassklebstoffe an.

Nassklebstoffe sind nur auf eine der beiden zusammenzuklebenden Teile aufzutragen. Es ist übrigens falsch, wenn man meint, dass eine Klebung besonders fest wird, wenn beide Seiten mit Kleber bestrichen werden. Genau das Gegenteil ist der Fall, da so zu viel Kleber an der zu klebenden Stelle aufgetragen wird. Dieser würde, sofern die beiden Teile anschließend fest zusammengedrückt werden, am Klebespalt seitlich herausquellen. Ansonsten würde die dicke Kleberschicht erst allmählich aushärten und dazu führen, dass die zusammengeklebten Materialien zueinander in gewissem Rahmen beweglich bleiben würden. Wie stark, ist jedoch von der Art des verwendeten Klebers beeinflusst. Abgesehen davon würde zu viel verwendeter Kleber die Langlebigkeit der Klebung negativ beeinflussen.

Vor dem Kleben von Kunststoffen ist sicherzustellen, dass der beabsichtigte Kleber auch für die verwendeten Stoffe geeignet ist. Denn viele Kunststoffe werden von Lösungsmittel mehr oder weniger stark angegriffen und können sich sogar auflösen. Um solche Schäden zu vermeiden, sollten zuerst die Hinweise auf der Verpackung, der Klebertube oder der -flasche berücksichtigt werden.

durchlässiger Werkstoff 1

durch den Werkstoff verdampfendes Lösungsmittel

Lösungsmittel

Nassklebstoff

durchlässiger Werkstoff 2

Bei durchlässigem Material wie Holz kann das Lösungsmittel gut auch durch den Werkstoff verdampfen. Womit eine gleichmäßige Aushärtung der Klebestelle gewährleistet ist

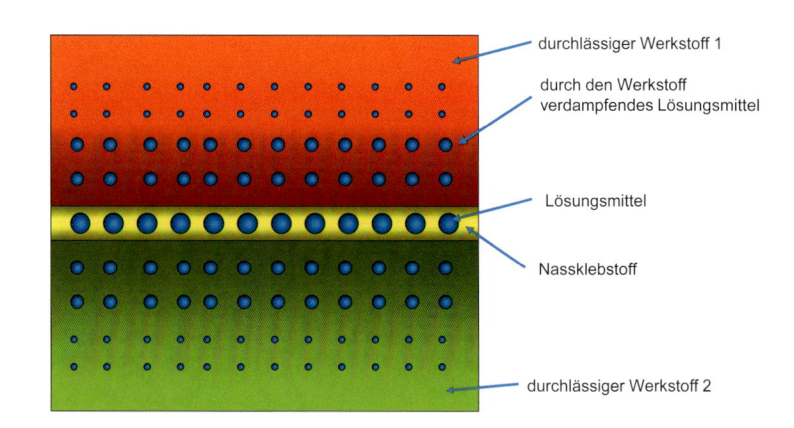

undurchlässiger Werkstoff 1

verdampfendes Lösungsmittel

Nassklebstoff

undurchlässiger Werkstoff 2

Bei undurchlässigen Materialien muss das Lösungsmittel an den Seiten der Klebestelle entweichen

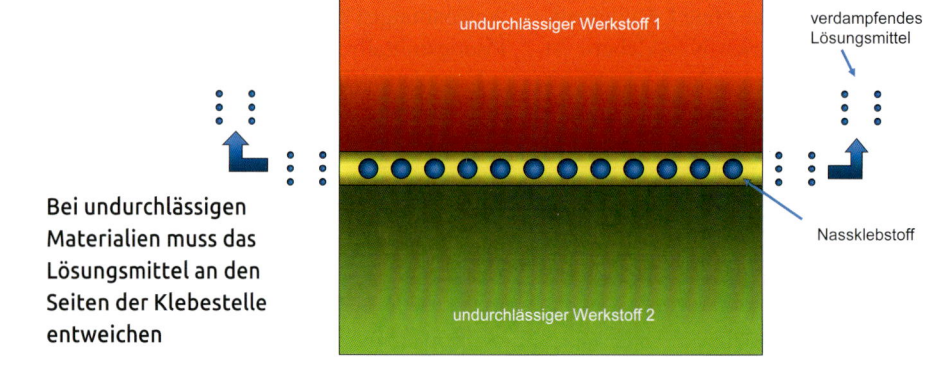

Werkstoff 1

Nassklebstoff

Werkstoff 2

Nassklebstoff ist nur auf einem der beiden zusammenzufügenden Teile aufzutragen

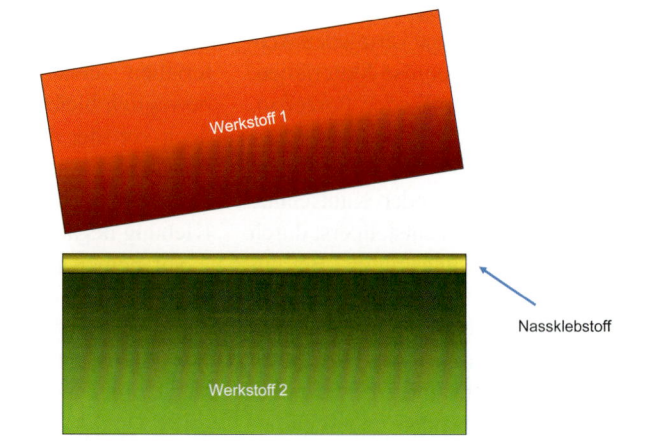

Kontaktklebstoffe

Kontaktkleber werden hauptsächlich zum Kleben von dichten, lösungsmittelundurchlässigen Materialien verwendet. Sie sind mit und ohne Lösungsmittel erhältlich.

Anders als beim Nasskleben wird beim Kontaktkleben auf beiden zu verklebenden Materialien gleichmäßig und dünn Klebstoff aufgetragen. Bevor beide Teile zusammengefügt werden, lässt man die beiden Klebstoffflächen offen liegen. Währenddessen kann das Lösungsmittel ablüften. Der dafür erforderliche Zeitaufwand hängt neben der Dicke des aufgetragenen Klebers vor allem von der Art des im Kleber verwendeten Lösungsmittels ab. Erst wenn sich der Klebstoff berührtrocken anfühlt, sind beide Teile sanft aufeinanderzulegen und in die gewünschte Lage auszurichten. Danach sind beide zu verklebenden Teile kurz kräftig zusammenzupressen. Beim Kontaktkleben ist nicht die Dauer des Zusammenpressens, sondern ausschließlich die Stärke des Drucks maßgeblich. Bei korrekt ausgeführter Kontaktverklebung lassen sich die Teile in Folge nicht mehr weiter ausrichten. Bereits nach kurzer Zeit erreichen die Klebungen eine hohe Festigkeit. Auch nach der Trocknung bleiben die Klebestellen elastisch. Womit sich Kontaktklebungen besonders für Stoffe eignen, die flexibel bleiben sollen, wie etwa bei Schuhsohlen. Ein weiteres Einsatzgebiet von Kontaktklebern ist die Großflächenverarbeitung, wie etwa beim Furnieren.

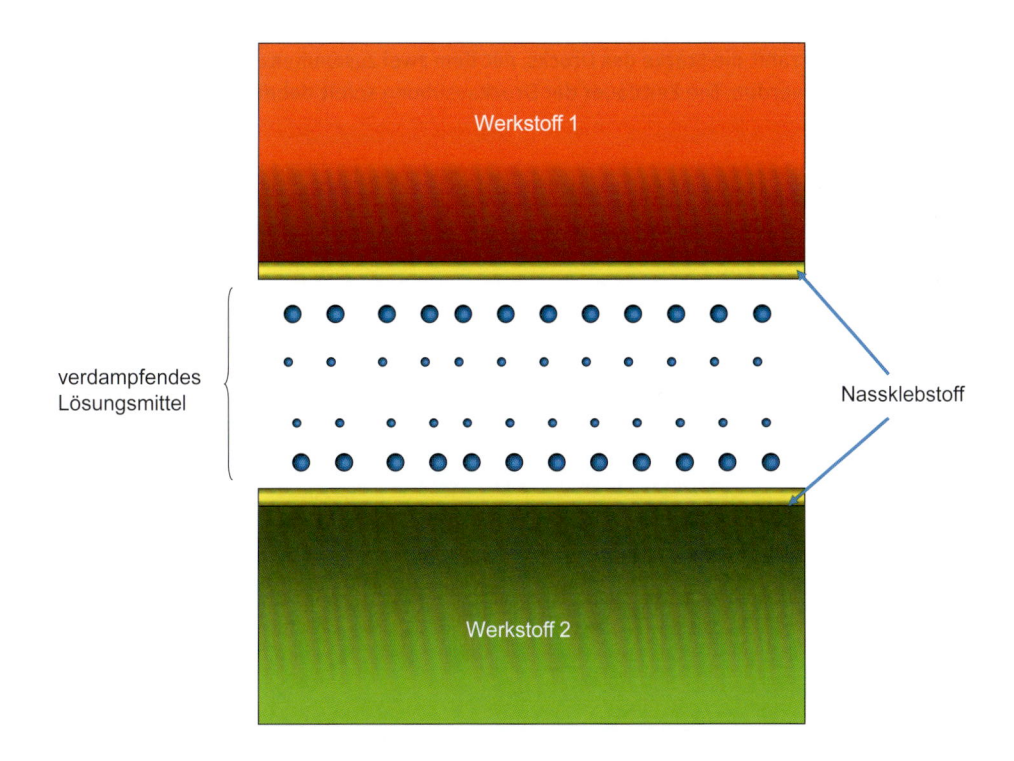

Wird mit Kontaktkleber gearbeitet, sind beide zu verbindenden Flächen dünn mit Kleber einzustreichen. Danach ist zu warten, bis die Klebstoffoberfläche berührungstrocken ist

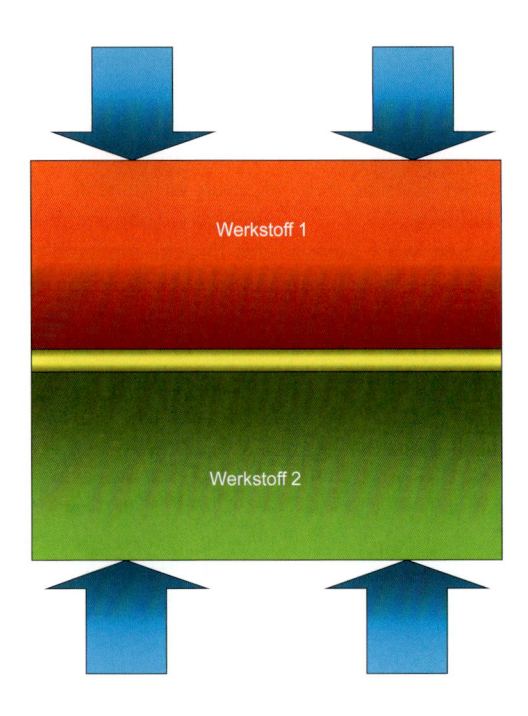

Beim Kontaktkleben zählt die Stärke des Drucks, mit dem zwei zusammenzuklebende Teile zusammengedrückt werden. Die Zeitdauer der Druckausübung spielt dabei keine Rolle

Reaktionsklebstoffe

Für Hochleistungsklebeverbindungen werden Reaktionsklebstoffe verwendet. Sie sind vielseitig verwendbar, kleben schnell und schaffen überaus belastbare Verbindungen.

Meist sind Reaktionskleber sogenannte Zweikomponentenkleber. Das heißt, dass der Kleber in zwei Tuben, dem Binder und dem Härter, ausgeliefert wird. Die einzelnen Komponenten können flüssig, pulver- oder pastenförmig sein. Erst unmittelbar vor Gebrauch werden der Binder und Härter in der benötigten Menge und dem vorgegebenen Verhältnis vermischt. Sobald beide Komponenten miteinander in Berührung kommen, beginnt der Aushärtungsprozess. Womit nur wenig Zeit bleibt, den Kleber zu verarbeiten. Die Härtezeit hängt von der Art des Klebers ab. Üblich sind Verarbeitungszeiten von rund einer bis zu mehreren Stunden. Auch die Umgebungstemperatur wirkt sich auf die zur Verfügung stehende Verarbeitungszeit aus. Ideal ist eine Arbeitstemperatur von rund 20° C.

Einkomponentenkleber kommen bereits gebrauchsfertig. Sie enthalten einen nicht aktiven Härter, der unter normalen Voraussetzungen in der Verpackung nicht reagiert. Der Aushärtungsprozess beginnt bei ihnen erst, wenn sie mit der zweiten Reaktionskomponente in Berührung kommen. Dies kann je nach der Beschaffenheit des Klebers Luftsauerstoff, UV-Licht oder Luftfeuchtigkeit sein. Einkomponentenkleber sind einseitig auf die Klebestelle aufzutragen.

Schmelzklebstoffe

Schmelzklebstoffe gibt es in Form von Folien, Granulat, Netzen, Patronen, Pulver oder Stiften. Sie sind frei von Lösungsmitteln. Schmelzklebstoffe werden durch Tempereinwirkung geschmolzen. Das bekannteste Beispiel dafür ist die Heißklebepistole. Der Schmelzpunkt liegt je nach System zwischen rund 110 und über 220° C.

Haftklebstoffe

Haftklebstoffe bleiben dauerhaft klebefähig. Sie kommen dort zur Anwendung, wo eine Klebung jederzeit wieder gelöst werden soll. Damit erfüllen sie zum Beispiel im Modellbau nur eine untergeordnete Rolle, da sie kaum die Stabilität erreichen, um etwa ein Modellflugzeug dauerhaft auch im Betrieb „zusammenzuhalten". In die Sparte der Haftklebstoffe fallen unter anderem Klebebänder, Post-it-Zettel und Selbstklebe-Etiketten.

Sekundenkleber

Sekunden- oder Superkleber werden in Fachkreisen auch als Cyanacrylat-Klebstoffe bezeichnet. Sie sind dünnflüssige oder eingedickte chemische Verbindungen der Canoacrylsäure. Wie schon die umgangssprachliche Bezeichnung verrät, härten diese Kleber sehr schnell, sobald sie mit der Luftfeuchtigkeit in Verbindung kommen.

Sekundenkleber werden bevorzugt für Reparaturzwecke genutzt, da ihnen der Mythos anhängt, für besonders feste und langlebige Klebungen zu sorgen. Tatsächlich sind Cyanacrylat-Kleber weder feuchtigkeitsbeständig, noch temperaturstabil. Womit sich mit ihnen hergestellte Verbindungen durchaus leicht wieder lösen können. Diese Eigenschaft wird, allerdings mit dafür vorgesehenen „Sekundenklebern" auch in der Medizin genutzt. Hinzu kommt, dass Superkleber nur dann wirklich gut funktionieren, wenn mit ihnen nur kleine Flächen geklebt werden. Sekundenkleber-Verbindungen lassen sich auch mit acetonhaltigen Nagellackentfernern wieder lösen.

Stichwort: Zugfestigkeit

Die Zugfestigkeit gibt an, wie stark ein Werkstoff auf Zug belastet werden kann. Damit lässt sich etwa bestimmen, wie viel Gewicht an ein Seil angehängt werden kann, bevor es reißt. Womit die Zugfestigkeit die maximale Belastbarkeit eines Werkstoffs angibt. Dabei ist zu beachten, dass er sich bereits vor Erreichen dieses Maximalwerts dauerhaft verformen kann.

Die Zugfestigkeit begegnet uns auch bei Klebstoffen wieder. Bei ihnen kann sie als Maß für die Haftkraft betrachtet werden. Damit wird veranschaulicht, wie stark eine Klebestelle belastet werden kann. Im Reparaturfall wird so auch veranschaulicht, ob ein Material nach der Klebung noch im gleichen Maße belastet werden kann.

Die Dimension der Zugfestigkeit ist Kraft pro Fläche. Angegeben wird Sie in der Einheit N/mm² (Newton pro Quadratmillimeter) oder MPa (Megapascal).

Die Zugfestigkeit eines Klebers steigt übrigens mit dem Grad der Aushärtung. Verschiedene Kleber erreichen mitunter erst nach 24 Stunden ihre volle Haftkraft. Dies gilt es vor allem bei stark beanspruchten Teilen zu berücksichtigen.

Sicherheitshinweise

Egal ob Kinder mit Klebstoffen ein Papphäuschen basteln oder ob der ambitionierte RC-Modellbauer damit arbeitet. Man sollte sich stets darüber im Klaren sein, dass es sich bei Klebern aller Art um keine unbedenklichen Spielzeuge handelt. Je nach chemischer Zusammensetzung können Klebstoffe leicht entflammbar, reizend und/oder umweltschädigend sein.

Verpackungen oder teils abziehbaren Etiketten weisen auf mögliche Gefahren und den sicheren Umgang mit dem vorhandenen Klebstoff hin. Die Palette reicht von der bloßen Empfehlung, dass ein Klebstoff nicht für Kinder unter 8 Jahren geeignet ist und darüber hinaus nur unter Aufsicht eines Erwachsenen verwendet werden soll, bis zu detaillierten Beschreibungen, welche Gefahren bei unsachgemäßer Handhabung auftreten können.

Klebstoffe können die Augen, Atmungsorgane und die Haut reizen. Sekundenkleber können die Haut und Augenlider binnen Sekunden zusammenkleben. Weiter können die enthaltenen Stoffe das Auge angreifen. In solchen Fällen wird das unverzügliche Aufsuchen eines Augenarztes dringend empfohlen. Es können ernste gesundheitliche Schäden bei längerem Einatmen der Kleberdämpfe auftreten. Auch möglicherweise krebserregende Stoffe können in Klebern verarbeitet sein.

Um gesundheitliche Schäden auszuschließen, sollte man bei Umgang mit Klebstoffen stets behutsam vorgehen. Sinngemäß sollte man sich dazu eine Grundregel aus der Elektrotechnik verinnerlichen. Sie besagt, dass elektrische Anlagen grundsätzlich als unter Spannung stehend zu betrachten sind. Also auch dann, wenn der Strom abgeschaltet oder etwa ein Gerät ausgesteckt wurde. Durch achtsames Arbeiten und dem Verwenden von schutzisoliertem Werkzeug wird hier das Unfallrisiko stark minimiert. Was auch auf die doppelte Absicherung vor möglichen Gefahren zurückzuführen ist. Beim Umgang mit Klebstoffen heißt das, dass selbst als unbedenklich geltende Kleber nicht sorglos genutzt werden sollen. Dazu gehört etwa, dass ein Raum während des Klebens und danach gut durchlüftet wird. So wird die Gefahr minimiert, dass Kleberdämpfe die Atemwege beeinträchtigen können. Weiter ist auf offenes Feuer oder auf Rauchen während des Umgangs mit Klebern zu verzichten. Die meisten sind entflammbar bis hoch entzündlich. Dazu sind übrigens auch sogenannte Aktivatoren zu zählen. Sie sind Zusatzstoffe, die Klebungen unter schwierigen Bedingungen erleichtern sollen.

Zum Teil empfehlen die Kleberhersteller, beim Arbeiten mit ihren Klebstoffen geeignete Schutzhandschuhe anzuziehen. Inwiefern dies als dringend erforderlich erscheint, muss jeder für sich selbst entscheiden. Freilich ist schnell mal ein Tropfen Kleber auf einem oder mehrere Finger gelangt. Mit Sicherheitshandschuh kann dieser zwar nicht auf die Hautoberfläche dringen. Die größere Gefahr sehen wir aber im Augenreiben, das viele von uns immer wieder mal ohne extra daran zu denken, tun. Hier ist primär unsere Disziplin gefordert, das Reiben der Augen solange zu unterlassen, bis wir nach Abschluss der Klebearbeiten gründlich unsere Hände gereinigt haben.

Tritt beim Umgang mit Klebstoffen Unwohlsein auf, wird das Aufsuchen eines Arztes empfohlen. Gleiches trifft auch bei Unfällen zu. In beiden Fällen ist anzuraten, den Kleber und die Gebrauchsanleitung zum Arzt mitzunehmen.

Die Sicherheitshinweise können auch die Lagerung von Klebern und Aktivatoren mit einschließen. Sofern diese in Spraydosen unter Druck abgefüllt sind, dürfen sie keiner direkten Sonneneinstrahlung und Temperaturen von rund über 50° C ausgesetzt sein. Explosionsgefahr!

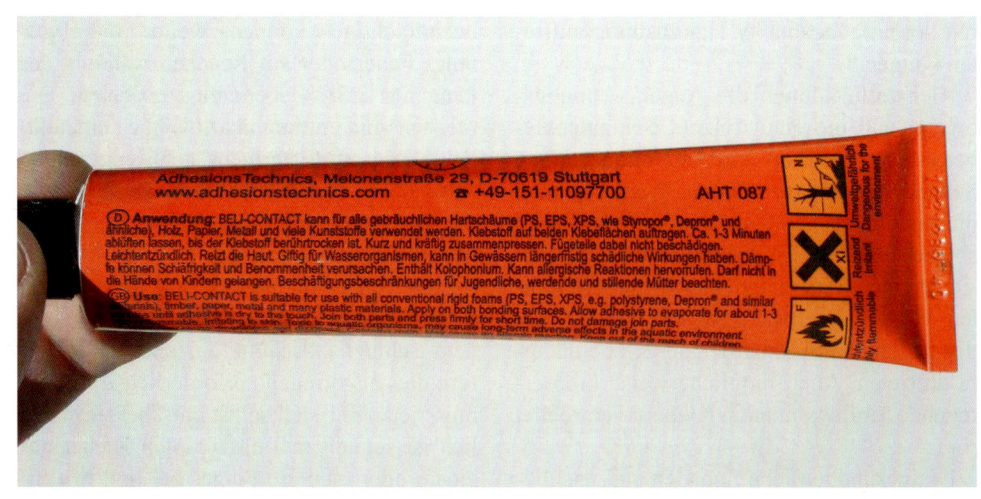

Die auf den Klebern aufgedruckten Sicherheitshinweise sind zu beachten und zu befolgen

Klassische Universalkleber

Die Palette an Klebstoffen ist erst in letzter Zeit so richtig groß und umfangreich geworden. Mit dem steigenden Angebot hielt auch die Spezialisierung der Klebstoffe für bestimmte Einsatzgebiete ihren Einzug. Dennoch erfreuen sich Alleskleber nach wie vor großer Beliebtheit. Sie sind primär für Haushaltsanwendungen gedacht, können aber auch im Hobby wertvolle Dienste leisten.

Für alle Fälle

Ein typischer Vertreter der Alleskleber ist der Pattex Multi. Er kommt in einer üblichen Klebertube und sieht sein Haupteinsatzgebiet beim Basteln, Dekorieren und Hobby. Er klebt Holz, Papier, Karton, Leder, Textilien, Kunststoff, Stein, Glas, Kork und Metall. Bei Schaumstoffen, wie Styropor muss er passen. Weiter eignet sich der Pattex Multi nicht für PE, PP und Weich-PVC.

Dieser lösungsmittelfreie Alleskleber tropft nicht und härtet schnell und glasklar aus. Womit auch durchsichtige Oberflächen unsichtbar miteinander verklebt werden können. Ab einer Wassertemperatur von 60° C ist er auswaschbar.

Neue Universalkleber

Klassische Universalkleber oder exakter ausgedrückt, Kleber, die dieselben von früher gewohnten Eigenschaften besitzen, gibt es heute noch. Zum Teil sind sie sogar Neuentwicklungen. Einer dieser „neuen" Klassiker ist der Beli-Contact von Adhesions Technics.

Er ist für Holz, Papier, Metall, Hartschäume wie Depron, EPS, PS, Styropor, XPS und ähnliche, sowie für viele Kunststoffe geeignet. Der Kleber ist auf beiden Klebeflächen aufzutragen und 1 bis 3 Minuten ablüften zu lassen, bis er berührtrocken ist. Darunter versteht man, dass er bei leichter Berührung zwar keine Fäden mehr zieht, sich aber noch feucht anfühlt. Anschließend sind beide Klebeteile kurz und kräftig zusammenzupressen. Entscheidend ist dabei ausschließlich der Pressdruck und nicht die Dauer. Der Beli-Contact verspricht eine maximale Klebekraft, so wie man sie aus der guten, alten Zeit kennt.

Der Beli-Contact von Adhesions Technics versteht sich als Kontakt-Klebstoff, so, wie man ihn aus der guten, alten Zeit kennt

Kontaktkleber

Auch Kontaktkleber sind für den universellen Einsatz gedacht. Es gibt sie in mehreren Varianten. Sie sind keine üblichen Haushaltskleber mehr, sondern sind für qualitativ hochwertige Klebungen gedacht. Da sie gleichzeitig viele Werkstoffe miteinander solide verkleben, entsprechen sie auch typischen Modellbau-Anforderungen.

Ein Klassiker unter den Kontaktklebern ist der Pattex Kraftkleber Classic. Ihn gibt es in Tuben und in größeren Füllmengen auch in Dosen. Er klebt Gummi, Holz, Kork, Leder, Metall und viele Kunststoffe. Bei PE, PP, Styropor und Weich-PVC muss er allerdings passen. Der Kleber ist für -40°C bis +110°C geeignet, feuchtigkeitsbeständig. Mit ihm verklebte Materialien sind flexibel belastbar.

Ein naher Verwandter ist der Pattex Kraftkleber Transparent. Wie schon sein Name verrät, werden mit ihm so gut wie unsichtbare Klebestellen erreicht. Womit er sich besonders für Klebungen auf transparenten Materialien anbietet. Eine kurze Verdunstungszeit sorgt für schnelle, flexible und temperaturbeständige Verklebungen. Mit dem Kraftkleber Transparent können neben Holz, Leder, Metall und Stein auch Gummi, sowie viele Kunststoffe und Weich-PVC verklebt werden. Lediglich für Styropor, PE und PP ist er nicht geeignet.

Vor dem Verkleben sind die Klebeflächen zu reinigen und zu trocknen. Der Kontaktkleber ist auf beide Oberflächen aufzutragen. Bevor die zu verklebenden Teile für drei Sekunden zusammengedrückt werden, muss der Kleber eine Viertelstunde antrocknen. Erst danach entfaltet er seine volle Klebekraft. Bis zur Aushärtung der Klebestelle sind die verklebten Materialien verrückungssicher zu beschweren.

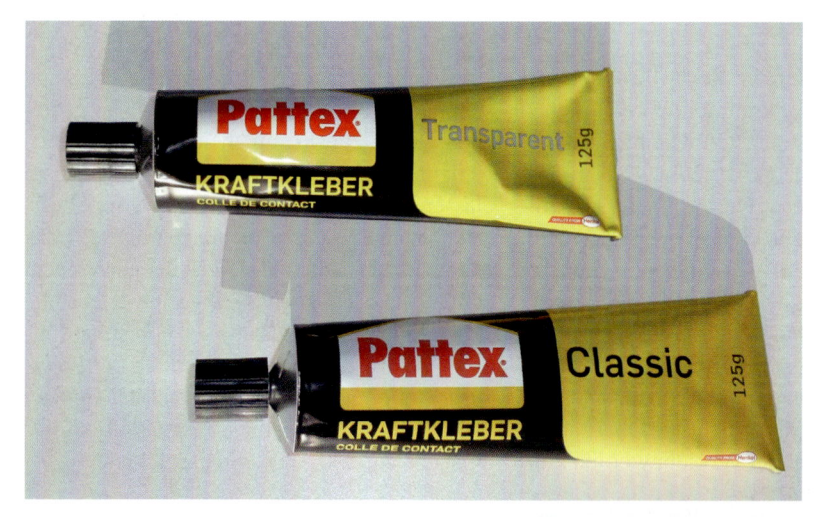

Kontaktkleber gehören zu den Klebstoff-Klassikern. Sie sorgen für anspruchsvolle Verklebungen

Bereits die Verpackung zeigt, dass man es hier nicht mit einem speziellen Modellbau-Kleber zu tun hat

Alles Plastik oder was?

Umgangssprachlich unterscheidet Otto Normalverbraucher Kunststoffe in der Regel nur in zwei Kategorien. Unter Plastik versteht er alle Kunststoffe, die hart sind. Wie etwa der Griff der Zahnbürste oder das Gehäuse eines Geräts. Aber auch Einkaufstüten und Kunststofffolien sind für ihn einfach nur aus Plastik. Schaumstoffe, aus denen etwa Verpackungselemente, Isolierplatten für das Haus und im Modellbau viele RC-Flugzeuge gefertigt sind, fasst er gerne als Styropor zusammen. Dabei nutzt er genau genommen nur eine Firmenbezeichnung eines von BASF entwickelten und 1950 zum Patent angemeldeten Produkts. Vergleichbare Irrtümer begegnen uns auch bei Klebstoffen. Unter Uhu wird etwa ein Alleskleber verstanden, der 1932 vom deutschen Apotheker August Fischer erfunden wurde. Dieser Kleber wird seit damals unter dem Firmennamen Uhu vertrieben, der sich tatsächlich vom gleichnamigen Vogel ableitet. Weitere Beispiele, diesmal aber für Klebestreifen, sind Tesafilm in Deutschland und Tixo in Österreich. Ebenfalls zwei Firmennamen, die in ihren Herkunftsländern als Synonym für Klebestreifen stehen.

Das, was umgangssprachlich in einen großen gemeinsamen Topf geworfen wird, umfasst tatsächlich eine längst unüberschaubar groß gewordene Palette an Kunststoffen, die verschiedensten Anforderungen gerecht werden. Kunststoffe unterscheiden sich nicht nur in ihren Eigenschaften, sondern auch in ihrer Materialbeschaffenheit. Womit es in weiterer Folge auch nicht den wirklich alles klebenden Universalkleber gibt, der allen vom RC-Modellbauer geforderten Anforderungen gerecht werden kann.

Doch bevor wir uns den Klebstoffen zuwenden, wollen wir uns kurz mit Kunststoffarten befassen. Die Aufzählung erhebt keinen Anspruch auf Vollständigkeit und soll nur einen Überblick über Kunststoffe verschaffen, mit denen wir unter anderem im RC-Modellbau in Berührung kommen.

Kunststoffarten

Unter Kunststoff versteht man einen synthetisch oder halbsynthetisch hergestellten organischen, polymeren festen Körper. Kunststoffe lassen sich in drei Grundarten, die Thermoplaste, Duroplaste und Elastomere unterteilen. Sie bestehen aus mehreren tausend bis über eine Million Molekülen.

Durch die Art des Herstellungsverfahrens und der verwendeten Ausgangsmaterialien können die Eigenschaften eines Kunststoffs in weiten Grenzen angepasst werden. So können unter anderem Elastizität, Formbarkeit, Bruchfestigkeit und chemische Beständigkeit den Anforderungen entsprechend angepasst werden. Kunststoffe begleiten uns in allen Lebenslagen und sind sogar dort enthalten, wo man sie gar nicht bewusst wahrnimmt. Wie etwa in Lacken und Klebstoffen. Bereits in der Steinzeit stellten unter anderem die Neandertaler aus Birkenpech den ersten Klebstoff her, den man bereits der Kategorie der Kunststoffe zurechnen kann.

Thermoplaste

Unter Thermoplasten versteht man aus langen linearen Molekülen bestehende Kunststoffe. Durch Erhitzen werden Thermoplaste weich und formbar. Diese Vorgänge sind beliebig oft wiederholbar.

Die heute am meisten verwendeten Kunststoffe, wie Polyethylen, Polyester, Polystyrol oder Polypropylen, gehören zu den Thermoplasten. Aus ihnen werden technische Komponenten in der Auto- und Elektroindustrie ebenso gefertigt, wie Rohre, Fensterprofile, Verpackungen und so weiter, hergestellt.

Arten von Thermoplasten

Es werden amorphe und teilkristalline Thermoplaste unterschieden.

Zu den amorphen Thermoplasten zählen unter anderem:

ABS	Acrylnitril-Butadien-Styrol
PC	Polycarbonat
PMMA	Polymethylmethacrylat
PPE	Polyphenylenether
PS	Polystrol
PVC	Polyvinylchlorid
SAN	Styrol-Acrylnitril-Copolymer

Den teilkristallinen Thermoplasten sind neben weiteren zugeordnet:

PA	Polyamid
PBT	Polybutylenterephtalat
PE	Polyethylen
PET	Polythylenterephthalat
POM	Polyoxymethylen
PP	Polypropylen

EPP

EPP ist die Abkürzung für expandiertes Propylen, das zur Gruppe der Thermoplaste gehört. Es ist ein Partikelschaumstoff, der in den 1980ern entwickelt wurde. Bauteile aus EPP werden in speziellen Formteilautomaten mit einer Dampftemperatur von bis 165° C gefertigt. Ein nachträgliches Bearbeiten von EPP-Formteilen, wie etwa entgraten, ist nicht üblich. EPP wird im RC-Modellbau wegen seiner hohen Elastizität geschätzt. Damit gehen von Anfängern gesteuerte Modelle, etwa bei einer harten Landung, nicht gleich zu Bruch.

Ein unmittelbarer Verwandter zu EPP ist Elapor, mit dem RC-Flugmodelle der deutschen Firma Multiplex gefertigt werden.

Duroplaste

Duroplaste sind üblicherweise hart und spröde. Sie bestehen aus raumvernetzten Makromolekülen. Diese Kunststoffart lässt sich nicht mehr verformen. Dies ist nur durch mechanisches Bearbeiten möglich. Bei Erhitzung werden Duroplaste zerstört.

Zu den Duroplasten gehören Phenolplaste, Polyesterharze und so gut wie alle Kunstharze, wie etwa Epoxidharze.

Elastomere

Reifen- und Gummiartikel sind die typischen Erzeugnisse aus Elastomeren. Sie können ihre Form, etwa durch Drücken oder Dehnen, kurzzeitig verändern und kehren nach Ende einer Krafteinwirkung wieder in ihre Ursprungsform zurück.

Zu den Elastomeren zählen:

BR	Butadien-Kautschuk
CR	Cloropren-Kautschuk
EPDM	Ethylen-Propylen-Dien-Kautschuk
NBR	Acrylnitril-Butadien-Kautschuk
NR	Naturkautschuk
SBR	Styrol-Butadien-Kautschuk

GFK

Unter GFK versteht man einen glasfaserverstärkten Kunststoff. Umgangssprachlich ist er auch als Fiberglas bekannt. GFK wird seit

1935 industriell aus duro- oder thermoplastischen Kunststoffen erzeugt. Es hält hohen mechanischen Beanspruchungen stand und zeichnet sich durch hohe Bruchdehnung und elastischer Energieaufnahme aus. Weiter ist seine hohe Korrosionsbeständigkeit hervorzuheben. Damit eignet sich das Material unter anderem gut für den Bootsbau. Im RC-Modellbau findet GFK unter anderem bei Flug- und Schiffsmodellen Verwendung. Aufgrund der Materialeigenschaften und -beschaffenheit lassen sich mit GFK besonders detaillierte Modelle realisieren.

CFK

CFK ist die Abkürzung für „carbonfaserverstärkter Kunststoff". Man spricht aber auch von KFK (kohlenstofffaserverstärkter Kunststoff), CFRP (carbon fiber reinforced plastic) oder ganz allgemein von Karbon. CFK ist ein Verbundwerkstoff, bei dem Thermoplaste oder Duromere, wie etwa Epoxidharz, mit einer Kohlenstofffaser verbunden werden.

Der Werkstoff findet im Modellbau wegen seiner hohen Festigkeit und des geringen Gewichts zunehmend Verbreitung. Wobei die Spanne von Einzelteilen von ferngesteuerten Fahrzeugen bis hin zu Flugmodellen reicht.

Depron und Selitron

Beide Materialien finden im Flugmodellbau Verwendung. Bei ihnen handelt es sich um geschäumtes Polystrol. Es unterscheidet sich im Prinzip von Styropor vor allem durch seine geschlossene Zellstruktur und seine glattere Oberfläche.

Seltron ist das weichere der beiden Materialien und lässt sich auch in weiterem Rahmen biegen. Aus diesem Material bestehen unter anderem Flugzeugrümpfe. Depron ist wegen seiner höheren Oberflächenfestigkeit zwar weniger empfindlich für Kratzer, bricht aber auch leichter. Es kommt im RC-Modellbau zum Beispiel im Tragflächenbau zum Einsatz.

Polystyrol

Polystyrol ist auch unter seinem Kurzzeichen PS bekannt. Das Material wurde erstmals 1931 von der I.G. Farben in Ludwigshafen hergestellt. Es ist den Thermoplasten zuzuordnen. Polystyrol kann als verarbeitbarer Werkstoff oder als Schaumstoff, was dann expandiertes Polystyrol, EPS, wäre, verwendet werden. Meist kennt man PS unter seinen Handelsnamen Styropor oder Styrodur.

Festes Polystyrol ist glasklar. Es ist hart und schlagempfindlich. Geschäumtes PS hat nur eine geringe mechanische Festigkeit. Es ist auch nur in engen Grenzen elastisch.

Im Modellbau findet das Material wegen seines geringen Gewichts bei Flugmodellen Einsatz. Wegen seiner leichten Bearbeitungsmöglichkeiten ist es auch ein guter Werkstoff zur Landschaftsgestaltung in Modellbahnanlagen. Auch die meisten Standmodelle werden aus Polystyrol im Spritzgussverfahren hergestellt.

Herausforderung

Die Herausforderung, mit der wir konfrontiert sind, liegt nicht nur darin, den geeigneten Kleber für verschiedene Kunststoffe zu verwenden. Würden wir nur je gleiche Kunststoffe zusammenkleben wollen, wäre das noch eine leichte Übung. Die Herausforderung liegt aber darin, verschiedene Stoffe mit individuellen Eigenschaften verbinden zu wollen. Alleine im Modellbau arbeiten wir neben Kunststoffen auch mit Metall, Holz, Papier, Stoff und so weiter.

Spezialkleber für Modellbau-Kunststoffe

Universalkleber sollen möglichst viele Materialien abdecken, die man mit ihnen verarbeiten können soll. Gerade diese Vielseitigkeit ist im Modellbau oft gar nicht gefordert. Insbesondere, wenn man sich in einem eng abgegrenzten Modellbau-Segment bewegt. Der Modellbahn-Freund braucht Kleber zum Beispiel zum Zusammenbauen von Modellhäuschen oder für Reparaturen am rollenden Material. All jene, die sich mit dem Zusammenkleben maßstabsgetreuer Modelle egal ob Schiffe, Flugzeuge oder dergleichen, beschäftigen sind üblicherweise ebenfalls primär mit einer bestimmten Kunststoffart konfrontiert. Auch im RC-Modellbau dominieren je nach Sparte nur wenige Kunststoffe.

Kein Wunder, dass im Kunststoff-Modellbau aktive Firmen auch ihre eigenen Kleber anbieten. Einerseits sorgen sie so dafür, dass ihre Klientel mit den richtigen Klebern arbeitet. Entscheidend ist aber die Modellbau-Sparte. Schließlich kann man mit einem Kleber der Firma X auch ein Modellhäuschen der Firma Y zusammenkleben.

Zu den Modellbaufirmen, die sich auf Kunststoffkleber spezialisiert haben, zählt Revell. Zum Kleber-Sortiment des Herstellers zählt etwa ein Plastik-Kleber (Werksbezeichnung) mit der Bezeichnung „Contacta" in kompakter 13-Gramm-Tube. Er ist nur zum Kleben von Polystyrolen geeignet. Es ist jenes Material, in dem die Einzelteiler zahlloser Bastelmodelle gefertigt sind. Zu den besonderen Eigenschaften dieses Klebers zählt seine gelartige Struktur. Sie hat den Vorteil, dass sich große, bereits mit Kleber bestrichene und zusammengefügte Modellteile noch exakt ausrichten lassen, bevor der Kleber fest anzutrocknen beginnt. Damit bleibt ausreichend Zeit, zu spät entdeckte Fehler noch am Modell auszubessern, bevor sich die Teile nicht mehr lösen lassen. Ein Kunststoff-Verschweißungseffekt sorgt für langlebige Klebestellen und sorgt so dafür, dass ein Modell über lange Zeit erhalten bleibt. Andererseits erschwert dieser Verschweißungseffekt beabsichtige spätere Modifikationen am Modell. Durch diese Verschweißung können nämlich an der Klebestelle plane Flächen verloren gehen.

Für besonders feine Klebearbeiten, wie sie etwa zum Anbringen kleiner und kleinster Details zum Beispiel an Modellbahn-Loks erforderlich sein können, ist der Contacta Professional gedacht. Er kommt in einer griffigen Flasche, die bequem in der Handfläche Platz findet. Für punktgenaues Kleben ist der Contacta Professional mit einer langen, nadelfeinen Kanüle ausgestattet. Damit lassen sich mikrogenaue Klebungen an winzigen Details und Klarsichtkanten vornehmen. Der dünnflüssige Kleber ist schnelltrocknend und verfügt ebenfalls über einen Kunststoff-Verschweißungseffekt.

Beliebt sind im Modellbau auch kleine Kleber-Fläschchen mit bis zu ca. 20 g Inhalt. Der Contacta Liquid von Revell ist dieser Sparte zuzuordnen. Er ist ein typischer

Kunststoffmodell-Kleber, der mit dem Verschweißungseffekt arbeitet. Dabei löst er den Kunststoff an und verbindet die beiden zu klebenden Teile sehr fest miteinander. Der Contacta Liquid ist ein sehr dünnflüssiger Klebstoff, der mit dem im Deckel befindlichen Pinsel auf die Klebefläche aufgetragen wird.

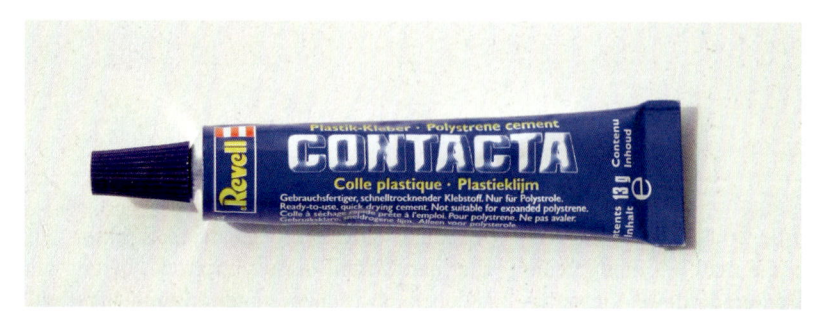

Der Kunststoffkleber Contacta von Revell ist ein gelartiger Kunststoff-Kleber

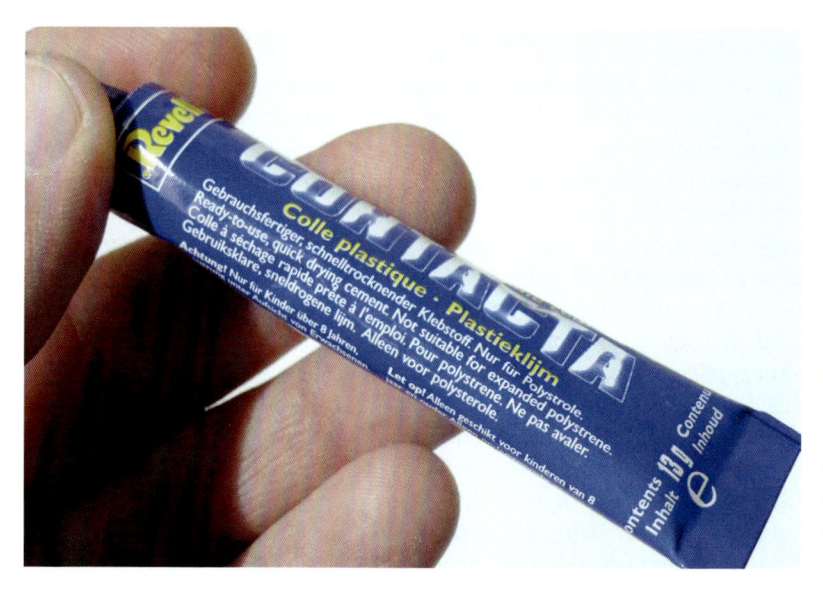

Er ist nur für Polystrole zu verwenden, so wie sie bei maßstabgetreuen Klebemodellen üblich sind

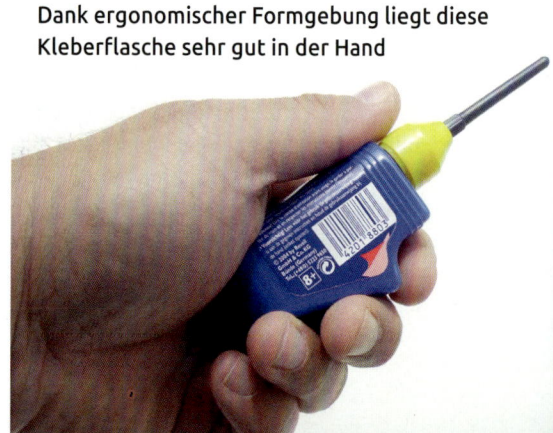

Der Contacta Professional von Revell ist ein dünnflüssiger Kunststoffkleber

Dank ergonomischer Formgebung liegt diese Kleberflasche sehr gut in der Hand

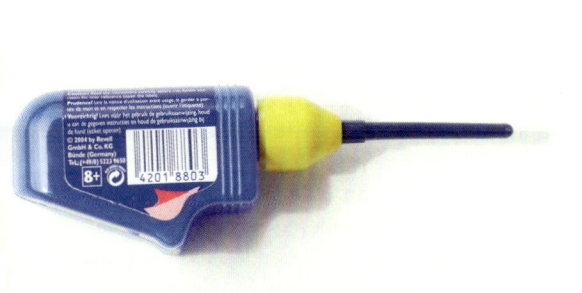

Hinter einem zu öffnenden Etikett ...

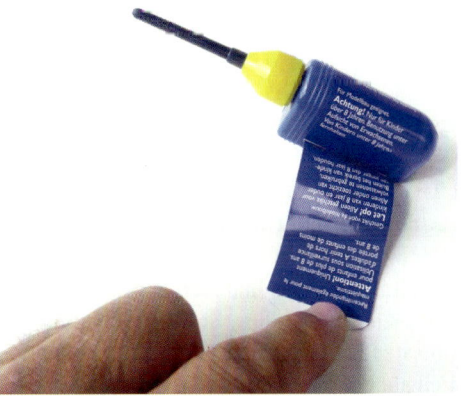

... sind Sicherheitshinweise nachzulesen. Sie besagen im Wesentlichen, dass dieser Kleber von Kindern über 8 Jahren nur unter Aufsicht Erwachsener verwendet werden darf

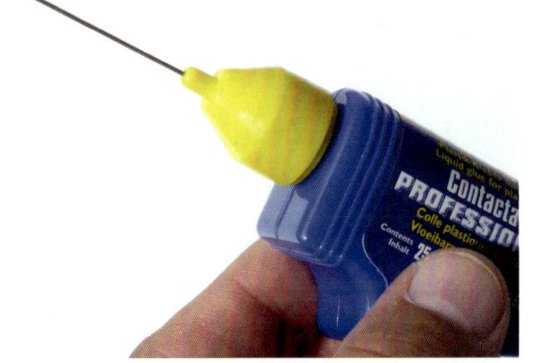

Eine nadeldünne Kanüle erlaubt punktgenaue Klebearbeiten mit sehr kleinen Teilen

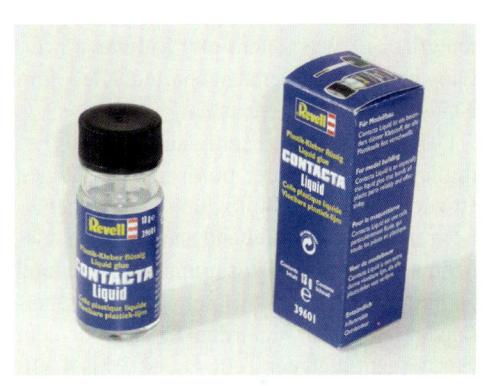

Der Contacta Liquid von Revell ist ein typischer Kunststoffmodell-Kleber, der mit dem Verschweißungseffekt arbeitet

Der Contacta Liquid ist ein sehr dünnflüssiger Klebstoff, der mit dem im Deckel befindlichen Pinsel auf die Klebefläche aufgetragen wird

Der Klassiker

UHU zählt zu den Klassikern unter den Klebstoffen. Mit dem UHU Alleskleber haben bereits unsere Eltern in ihren frühen Jahren gebastelt. Inzwischen hat sich aus „dem" UHU eine Kleber-Familie für alle erdenklichen Einsatzgebiete entwickelt. Darunter finden sich auch mehrere Modellbau-Werkstoffe.

Einer von ihnen ist UHU allplast, der sich als Universalkleber für alle handelsüblichen Kunststoffe anbietet. Lediglich für PE, PP und Styropor ist er nicht geeignet. UHU allplast ist transparent und sorgt für hohe Haftfestigkeit durch anlösen der Kunststoff-Oberfläche. Was auch als Kaltverschweißung bekannt ist. Der ausgehärtete Klebefilm ist kälte- und wärmeresistent.

UHU allplast ist einseitig aufzutragen. Lediglich bei rauen oder porösen Oberflächen ist auch die zweite Seite dünn mit Kleber zu bestreichen. Anschließend sind die zu klebenden Teile sofort zusammenzufügen und zu fixieren. Bei harten, sehr glatten Oberflächen empfiehlt sich, den Kleber vor dem Zusammenfügen der Teile zuerst 3 bis 4 Minuten antrocknen zu lassen und anschließend noch etwas Klebstoff aufzutragen. Nach dem Zusammenfügen brauchen die geklebten Teile nur kurz fixiert zu werden. Sollen dünnwandige Kunststoffe geklebt werden, ist UHU allplast nur sehr dünn aufzutragen.

Zum Kleben von Hartschäumen, auch in Kombination mit anderen Materialien, bietet sich der schnellanziehende UHU por an. Sein elastischer Klebefilm ist farblos, alterungs- und wasserbeständig. Der Kleber ist auf beide Fügeteile aufzutragen und ablüften zu lassen. Nachdem der Kleber nach rund 10 Minuten berührtrocken ist, sind beide Teile kurz fest zusammenzupressen. Zumindest so fest, dass Hartschaumstoffe dabei nicht beschädigt werden.

Weitere Modellbaukleber

Der Beli-Zell Klebstoff von Adhesions Technics wurde speziell für den Einsatz im Modellbau entwickelt und in seinen Eigenschaften an dieses Anwendungsgebiet angepasst. Der Kleber eignet sich für alle herkömmlichen und modernen Modellbauwerkstoffe. Wobei gleiche und unterschiedliche Materi-

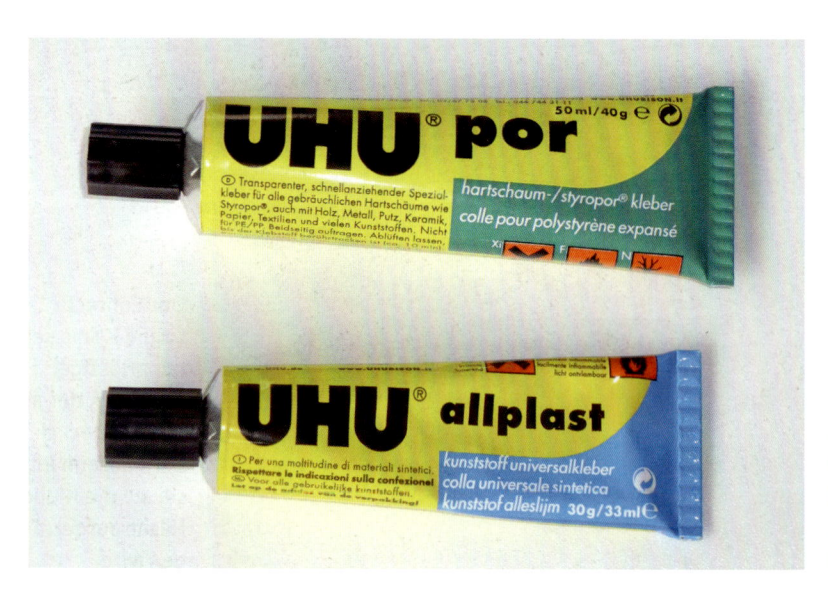

Auswahl an Modellbau-Klebstoffen aus dem Hause UHU

alien miteinander verklebt werden können. Das universelle Einsatzgebiet erstreckt sich von geschlossenporigen Materialien, wie Metallen, GFK oder CFK bis zu offenporigen Werkstoffen, wie EPP oder Holz. Auch an die Oberfläche werden keine speziellen Anforderungen gestellt. Sie kann glatt bis rau sein.

Ausgehärtete Klebestellen können geschliffen und nachbearbeitet werden. Die Klebestelle hält hohen Temperaturen und Temperaturdrift, wie sie im Schiffsmodellbau anzutreffen sein kann, stand.

Die Verklebung bleibt elastisch. Zum Beispiel bei verklebten Schaumstoffen bilden sich keine spröden oder glasharten Stellen. Bei der Verklebung harter Gegenstände, wie Metalle, wird nur wenig Kleber benötigt. Hier sorgt eine Dünnschichtverbindung für festen Halt.

Beli-Zell-Konstruktionsklebstoff lässt sich von -40 bis +80° C verwenden. Die Tropfzeit beträgt 10 bis 15 Minuten. Sie gibt dem Modellbauer genügend Zeit, die einzelnen Komponenten exakt auszurichten. Unter Zuhilfenahme eines geeigneten Aktivators kann die Aushärtung auf etwa 3 bis 5 Minuten reduziert werden.

Zusammengefügte Teile sind nur unmittelbar nach der Klebung zu fixieren. Eine vollständige Aushärtung muss nicht abgewartet werden. Zum Fixieren eignet sich übrigens Kreppband. Da es luftdurchlässig ist, behindert es den Aushärtungsprozess des Klebers nicht.

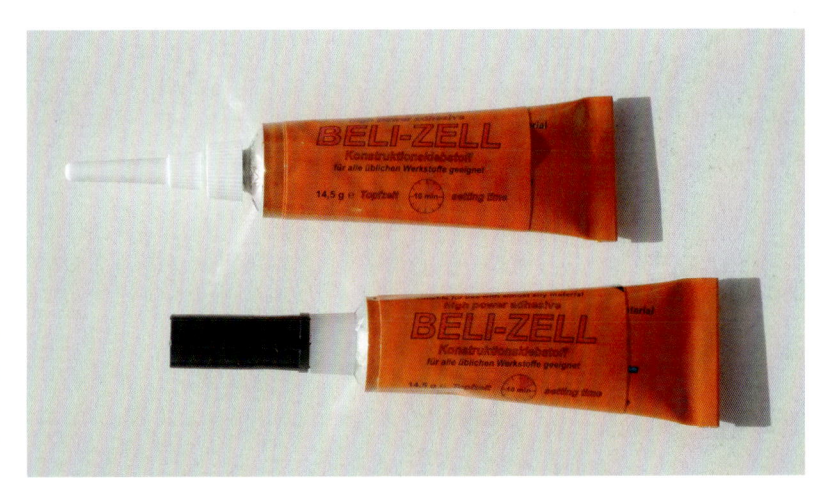

Beli-Zell-Konstruktionsklebstoff wurde speziell für Modellbau-Anwendungen entwickelt

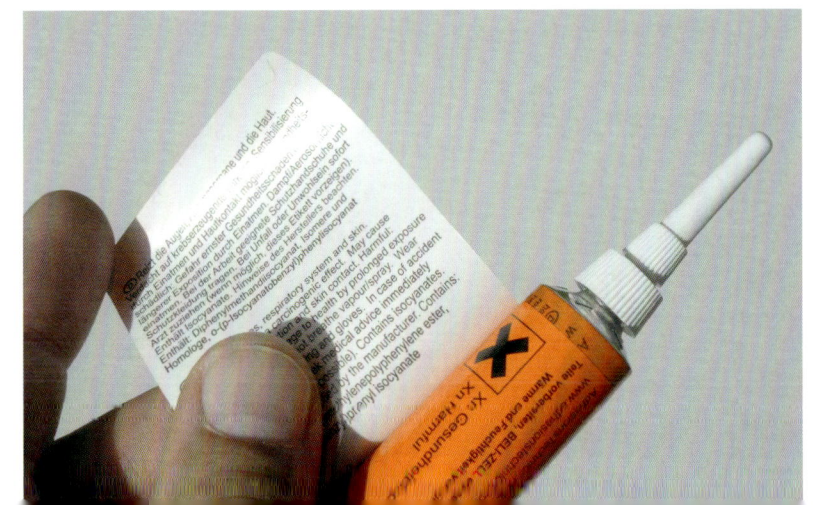

Das Etikett der Beli-Zell-Kleber enthält an der Innenseite Sicherheitshinweise

Sekundenkleber

Sekundenkleber sind Einkomponentenkleber, die der Gruppe der Cyanacrylate angehören. Bei ihnen reicht die Luftfeuchtigkeit an der Klebefläche, um eine Aushärtung binnen weniger Sekunden zu erreichen. Am Beispiel der Sekundenkleber-Palette von R&G wollen wir uns diese Klebstoff-Sparte genauer ansehen.

Sekundenkleber bieten sich zum Verbinden planer Fügeteile an. Sie kleben Gummi, Holz, Keramik, Metalle und viele Kunststoffe.

Arten von Sekundenklebern

DEN Sekundenkleber für alle Fälle gibt es nicht. Wird ein Kleber als solcher angepriesen, kann es sich nur um einen Kompromiss handeln. Um allen Anforderungen optimal gerecht zu werden, bieten mehrere Hersteller verschiedene Sekundenkleber an. Sie unterscheiden sich in der Schnelligkeit der Aushärtung zwischen blitzschnell und sehr schnell. Extrem schnelle Sekundenkleber haben bereits nach einer bis fünf Sekunden eine feste Verbindung zwischen den zu klebenden Teilen geschaffen, andere brauchen bis deutlich über 5 Sekunden.

Sekundenkleber unterscheiden sich auch in ihrer Viskosität, also in ihrer Zähflüssigkeit. Dünnflüssige Sekundenkleber sind für sehr kleine Spaltfüllungen vorgesehen. Sie kommen etwa zum Einsatz, wenn ein gebrochener Gegenstand „unsichtbar" wieder zusammengeklebt werden soll. Dünnflüssige Sekundenkleber, wie der XT oder SF 5 von R&G, sind für maximale Spaltfüllungen von 0,03 mm vorgesehen. Mittelviskose Kleber füllen bereits etwas breitere Spalten von bis rund 0,07 mm aus. Dickflüssige Sekundenkleber können für Spaltfüllungen bis zu 0,1 mm Breite genutzt werden.

Sekundenkleber-Palette von R&G (Bild: R&G)

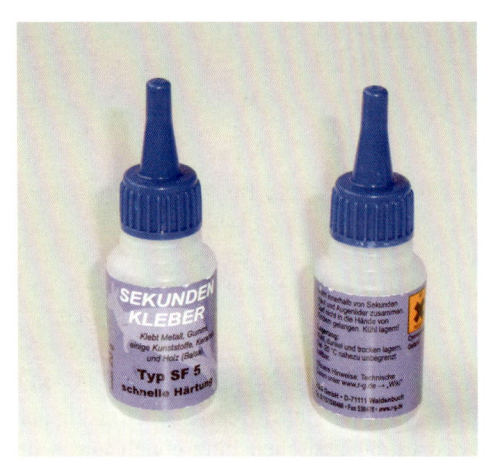

Sekundenkleber Typ SF 5 von R&G

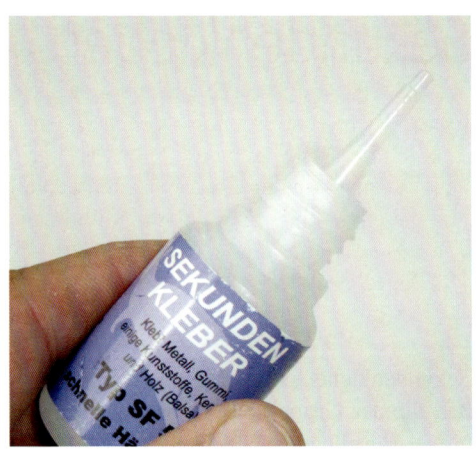

Damit der Sekundenkleber nicht vorzeitig austrocknet, ist die Flaschenspitze ab Werk verschweißt

Umgang mit Sekundenklebern

Sie haben einen stechenden Eigengeruch. Bei der Berührung mit Haut härtet ein Sekundenkleber mitunter schon nach einer Sekunde aus. Dabei erwärmt sich die betroffene Hautpartie kurzzeitig. Außer im Rahmen medizinischer Anwendungen ist der Hautkontakt mit Superkleber zu vermeiden. Vor allem ins Auge dürfen keine Spritzer gelangen, da diese hier sofort aushärten. Nach allgemeiner Erfahrung regeneriert sich die Hornhaut binnen weniger Tage, sodass keine bleibenden Sehstörungen zu erwarten sind. Dennoch ist unverzüglich ein Augenarzt aufzusuchen, um kein unnötiges Risiko einzugehen!

Eigenschaften

Sekundenkleber sorgen für sehr schnelle Verbindungen. Wie fest eine solche Klebestelle hält, ist jedoch werkstoffabhängig. Die beste Haftkraft wird zwischen Metallen erreicht. Sie kann, etwa wenn zwei Stahlteile geklebt werden, bis zu 25 MPa betragen. Zwischen Kunststoffen wird meist eine deutlich geringere Zugscherfestigkeit erreicht. Sie liegt zum Beispiel beim Kleben von zwei ABS-Teilen bei rund 4 MPa.

Zugscherfestigkeiten bei 20°C für Sekundenkleber aus dem Hause R&G	
verklebte Materialien	Zugscherfestigkeit
ABS-ABS	4 MPa
Aluminium-Aluminium	12 bis 18 MPa
Acryl-Acryl	6 MPa
Chrom-Chrom	10 bis 15 MPa
Polystyrol-Polystyrol	5 MPa
Phenol-Phenol	6 MPa
Kupfer-Kupfer	9 bis 15 MPa
Stahl-Stahl	15 bis 25 MPa
Aluminium-ABS	5 MPa
Aluminium-Stahl	10 bis 14 MPa
Arcryl-Stahl	6 MPa

Bei normalen Umwelteinflüssen sind mit Sekundenkleber ausgeführte Klebearbeiten gut haltbar. Ihre Temperaturbeständigkeit bewegt sich im Bereich zwischen -60 und +80° C. Die Beständigkeit einer Klebung hängt jedoch von der Umgebungstemperatur und der relativen Feuchtigkeit ab. Bei kalten Temperaturen um 6°C ist zum Beispiel nach 100 Tagen noch volle Haftkraft gewährleistet. Bei 80° C ist eine Klebung nur noch etwa zu 65 bis 75% beständig. Bei 100°C sinkt die Festigkeit der Klebestelle auf 40%. Auch hohe Luftfeuchtigkeit macht Sekundenklebern zu schaffen. Bei 95% relativer Feuchtigkeit büßt eine Klebestelle 40 bis 50% ihrer Beständigkeit ein. Dies zeigt uns, dass Superkleber in den feuchtheißen Tropen grundsätzlich eine etwas schlechtere Performance liefern, als in unseren Breiten.

Die Lagerbeständigkeit von Sekundenklebern ist stark temperaturabhängig. Dabei zeigt sich, dass sie sich besonders bei kühler Umgebung wohlfühlen. Bei -20°C sind Sekundenkleber nahezu unbegrenzt haltbar. Unter Kühlschrank-Temperatur um 5°C können sie 12 Monate gelagert werden. Bei normaler Umgebungstemperatur von 20°C sinkt die Haltbarkeit auf ein halbes Jahr. Wird Sekundenkleber bei +30°C aufbewahrt, reduziert sich seine Lagerzeit auf 2 Monate.

Solange der Klebstoff nicht gehärtet ist, lassen sich Arbeitsgeräte mit Aceton reinigen. Ausgehärtete Klebeverbindungen können durch Erwärmen auf über 150°C oder mit speziellen chemischen Lösungsmitteln gelöst werden.

Arbeiten mit Sekundenkleber

Beim Arbeiten mit Sekundenklebern genießt das Vorbereiten der Klebeflächen höchste Priorität. Zuerst sind die Oberflächen, besonders bei starker Verschmutzung, mit einem guten Fettlösungsmittel wie Aceton, zu reinigen. Metalle und Kunststoffe sollten zusätzlich mit feinem Schleifpapier etwas aufgeraut werden. Dazu eignen sich Schleifpapierkörnungen von 360 bis 1.200 am besten.

Sekundenkleber von R&G sind nur einseitig aufzubringen. Bei anderen Produkten wird auf die Gebrauchshinweise verwiesen. Meist läuft man Gefahr, zu viel Sekundenkleber für eine Klebung zu verwenden. Wobei man vielfach dem Irrtum aufliegt, dass eine Klebung umso besser gelingt, je mehr Klebstoff verwendet wird. Tatsächlich reicht ein einziger Tropfen, oder anders ausgedrückt rund 0,03 Gramm, für eine Klebefläche bis zu 6 cm².

Die Aushärtung wird durch die Luftfeuchtigkeit bewirkt. Sobald der Kleber aufgetragen und durch Zusammendrücken der zu klebenden Teile im Klebebereich dünn verteilt ist, setzt eine rapide Aushärtung binnen weniger Sekunden bis Minuten ein. Eine Korrektur der zusammengefügten Teile ist zu diesem Zeitpunkt nicht mehr möglich.

Am besten lassen sich Sekundenkleber bei einer relativen Luftfeuchtigkeit von 40-60% verarbeiten. Trockenere Luft verlangsamt zwar die Aushärtezeit, nimmt aber keinen Einfluss auf die Endfestigkeit. Höhere Luftfeuchtigkeit beschleunigt zwar den Aushärtungsprozess, kann aber die Endfestigkeit der Klebung verringern.

Schnellklebstoffe

Super- und Sekundenkleber sind die allseits bekannten Synonyme für besonders schnell aushärtende Klebstoffe. Nicht alle dieses Klebersegment bedienende Hersteller preisen ihre Sekundenkleber als solche an, sondern bezeichnen sie als Schnellklebstoffe, wie etwa die Beli-CA-Produktlinie von Adhesions Technics.

Auch sie sind Cyanacrylat-Klebstoffe. Während sich andere Fabrikate gezielt an den Modellbauer oder den Haushalt wenden, decken die Schnellklebstoffe Beli-CA die Einsatzbereiche Industrie, Handwerk, Heimwerken und Modellbau ab. Womit sie nicht nur für Hobby, sondern auch für professionelle Anwendungen vorgesehen sind. Das zeigt sich etwa darin, dass Schnellkleber für verschiedene Anwendungen angeboten werden.

Der „Beli-CA zero" ist für extreme Beständigkeit gegen Schlag-, Stoß-, Scher- und Schälbeanspruchung konzipiert. Weiter kann dieser Schnellkleber bei Temperaturen zwischen -40° und 100° C, kurzzeitig sogar darüber hinaus, verwendet werden. Damit einher geht eine hervorragende Temperaturfestigkeit und Beständigkeit gegen Wärmealterung. Gerade in diesen Punkten müssen andere, nennen wir sie „Haushalts-Sekundenkleber", längst passen. Bei ihnen beginnt sich die Klebestelle bei höheren Temperaturen längst zu lösen, während der Beli-CA zero noch lange fest und stabil bleibt. Zu den hervorzuhebenden Eigenschaften dieses Schnellklebers zählen ferner seine sehr gute Chemikalien- und Feuchtigkeitsbeständigkeit.

Die besondere Stärke des Beli-CA zero liegt im Verkleben von Metallen. Auch Magnete können mit Metallen verklebt werden. Die Aushärtedauer variiert je nach Material. Bei Aluminium beträgt sie rund 10 bis 30 Sekunden, bei Stahl 50 bis 100 Sekunden. Kunststoffe, wie ABS werden in 20 bis 50 Sekunden oder Polycarbonat in 30 bis 90 Sekunden sicher verklebt. Für Gummi und Elastomere sind rund 5 bis 50 Sekunden einzurechnen. Die Endfestigkeit wird nach 24 Stunden erreicht.

Andere Produkte versuchen, unsere Aufmerksamkeit mit deutlich geringeren Härtungszeiten auf sich zu lenken. Dabei sollte man nicht vergessen, dass der in der angepriesenen Aushärtezeit erreichte Festigkeitsgrad kaum Erwähnung findet. Werden vermeintlich längere Aushärtezeiten angegeben, kann man einerseits darauf vertrauen, nach der empfohlenen Richtzeit bereits gut belastbare Klebestellen vor sich zu haben. Weiter wollen uns diese längeren Zeiten sagen, dass es bei Schnellklebern nicht auf jede Sekunde ankommt. Für sie ist einzig maßgeblich, in einer vertretbar sehr kurzen Zeit qualitativ hochwertige Verbindungen zu schaffen. Sie sind letztlich auch Garant für die Langlebigkeit unserer kostbaren Modelle.

Der „Beli-CA ultra" ist ein weiterer Schnellklebstoff. Seine Stärke liegt im Kleben von technischen Schäumen, wie Styropor oder Depron, sowie Kunststoffen wie Kabinenhauben oder klare Kunststoffe. Daneben bietet sich sich dieser Schnellkleber für poröse und saugende Werkstoffe, Gummi und auch Metalle an. Je nach Material beträgt die Aushärtezeit 20 bis 110 Sekunden. Die Endfestigkeit wird nach 24 Stunden erreicht.

Der Beli-CA ultra empfiehlt sich auch für weitgehend unsichtbare Klebungen. Übliche Sekundenkleber neigen im Zuge ihrer Austrocknung zur Weißblüte, die als milchiger, feinkristalliner Belag an der Klebestelle sichtbar wird. Diese unerwünschte Nebenerscheinung wurde beim Beli-CA ultra unterdrückt. Als angenehm wird auch empfunden, dass dieser Kleber keinen beißenden Geruch von sich gibt und auch keine tränenden Augen verursacht. Der Beli-CA ultra ist für einen Einsatzbereich von -20 bis +80°C vorgesehen.

Weiter erwähnenswert ist der „Beli-CA styropron". Seine Stärke liegt im Kleben von Schaumstoffen, aus denen heiute viele RC-Flugmodelle gefertigt sind. Er lässt auch Mischklebungen mit CFK, Elastomeren und Holz zu. Werkstoffe und Werkstoffkombinationen, die uns zum Beispiel im RC-Modellflug ebenfalls häufig begegnen. Eine funktionsfeste Aushärtung wird bereits nach 5 bis 120 Sekunden, die Endfestigkeit nach 5 Stunden erreicht.

Der Beli-CA ultra empfiehlt sich auch für weitgehend unsichtbare Klebungen. Weißblüte tritt bei diesem Klebstoff nicht auf

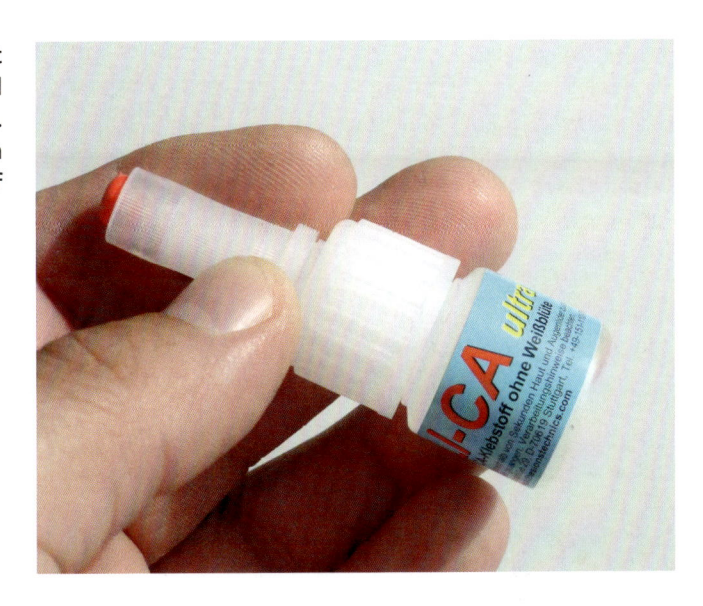

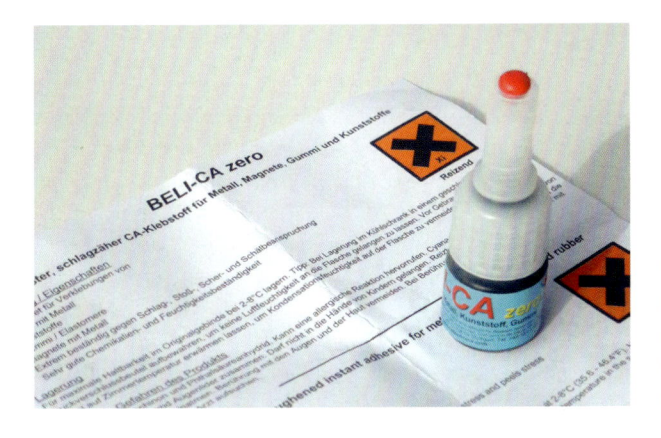

Vor dem Arbeiten mit Schnellklebern empfiehlt sich, die Gebrauchsanleitung genau zu studieren

Richtige Aufbewahrung

Egal ob Schnell-, Sekunden- oder Superkleber. Viele von uns haben schon die leidvolle Erfahrung gemacht, dass eine solche Klebertube oder -flasche nach dem erstmaligen Gebrauch bereits nach gefühlt kurzer Zeit unbrauchbar ausgetrocknet ist. Die Ursache ist in der falschen Lagerung zu suchen. Einmal reagieren solche Klebstoffe mit der Luftfeuchtigkeit. Sind Tube oder Flasche nicht perfekt geschlossen, findet diese ihren Weg auch ins Innere. Weiter fördert bereits übliche Umgebungstemperatur den Alterungsprozess.

Adhesions Technics gibt für seine Beli-Schnellkleber den Tipp, diese idealerweise bei +2 bis +8° C, also bei üblicher Kühlschranktemperatur, aufzubewahren. Weiter sollen die Kleber-Behältnisse in einen luftdicht verschließbaren Beutel gepackt werden, aus dem man die Luft soweit als möglich vor dem Verschließen herausstreift.

Zweikomponentenkleber

Zweikomponentenkleber werden in Tuben, Flaschen und vermehrt auch in Doppelspritzen angeboten. Letztere haben den Vorteil, das Kleber und Härter zwar nach wie vor in getrennten Behältern gefüllt sind. Diese sind allerdings in einem gemeinsamen Gehäuse untergebracht. Kleber und Härter werden über zwei mechanisch miteinander verbundene bewegliche Kolben herausgepresst. Der besondere Vorteil: das Mischungsverhältnis beider Flüssigkeiten bleibt stets gleich und entspricht exakt den Vorgaben des Herstellers. Womit sich auch die Eigenschaften des Klebers nicht von Mal zu Mal verändern.

Gerade hier liegt nämlich der Schwachpunkt von in Tuben, Fläschchen oder Dosen angebotenen Zweikomponentenklebern. Sie müssen von Hand zuerst angemischt werden. Was bei vielen Nutzern nicht ohne Scheu vor sich geht. Schließlich besteht die Gefahr, zu viel Kleber oder Härter zu erwischen. Wobei die abgemischte Härtermenge darüber entscheidet, wie lange man Zeit für die beabsichtigten Klebearbeiten hat. Zuletzt stellt sich auch stets die Frage, wie viel Kleber man anmischen soll. In der Regel wird dies im Verhältnis der durchzuführenden Arbeiten viel zu viel sein.

Zweikomponentenkleber vorgestellt

In Folge wollen wir uns einen Zweikomponentenkleber stellvertretend für alle Kleber dieser Kategorie am Beispiel des 5 Min. Epoxy von R&G näher ansehen.

Der 5 Min. Epoxy kommt in Form einer Doppelspritze. Sie enthält je 10 Gramm Kleber und Härter. Das Gehäuse hat an der Unterseite nur eine Öffnung. Sie ist mit einem Drehverschluss luftdicht verschlossen. Um den Kleber exakt auf die Klebestelle positionieren zu können, ist eine der beiden seitlich am Spritzengehäuse angebrachten Düsen zu lösen und auf die untere Öffnung zu stecken, von der der Stöpsel bereits entfernt wurde. Kleber und Härter werden erst in der Düse vermischt, wenn der Doppelkolben betätigt wird. Er sorgt für ein exaktes Mischungsverhältnis von 1:1. Die Düse hat nur eine kleine Öffnung. Sie erlaubt, den Kleber in der gewünschten Menge exakt auf der Klebestelle aufzubringen.

Kommt der Zweikomponentenkleber in zwei Tuben oder Fläschchen, sind Kleber und Härter zunächst im vorgegebenen Mischungsverhältnis abzumachen. Meist beträgt dies auch hier 1:1. Dazu sind zwei gleich lange Stränge Kleber und Härter nah beieinander auf einer geeigneten Unterlage, wie dickem Papier oder Pappe, aufzutragen. Mit einem kleinen Rührstäbchen, das den Klebern oft beiliegt, sind die beiden Komponenten gründlich und zügig zu vermischen.

Geeignet für...

Der 5 Min. Epoxy Zweikomponentenkleber von R&G ist für das dauerhafte Verkleben zahlreicher Werkstoffe vorgesehen. Er verbindet Holz, Metalle, Leder, Karton, viele Kunststoffe wie GFK und CFK und weitere Materialien. Da der Kleber ohne Lösungsmittel auskommt, greift er auch verschieden Schaumstoffe wie Styropor oder Depron nicht an. Lösungsmittel, so wie sie in anderen Klebstoffen enthalten sein können, würden solche Materialien stark angreifen und könnten sogar bis zu deren Zersetzung führen.

Auch Komponenten aus EPP-Hartschaum oder ABS lassen sich mit dem 5 Min. Epoxy Zweikomponentenkleber gut zusammenfügen. Vor allem, wenn auf die zu verklebenden Flächen zuvor Sekundenkleber aufgetragen wurde.

Nur schlecht oder gar nicht lassen sich verschiedene Thermoplaste verkleben. Zu ihnen zählen Polyvinilchlorid (PVC), Polypropylen (PP), Polyethylen (PE), Weichschaumstoffe und Polyamid.

Zweikomponentenkleber verarbeiten

Bevor man einen Zweikomponentenkleber anmischt oder im Fall des 5 Min. Epoxy von R&G den Verschluss öffnet, sollten die zu klebenden Teile bereits fertig vorbereitet sein. Dazu gehört das Reinigen und Entfetten der zu klebenden Oberflächen. Denn im Fall unseres Zweikomponentenklebers bleiben nur 5 Minuten Verarbeitungszeit. Sie gelten als Richtwert und basieren auf einer Temperatur von rund 20°C. Nach etwa 5 Minuten ist der Klebstoff bereits soweit ausgehärtet, dass er keine weiteren zuverlässigen Klebungen mehr zulässt.

Wie viel Zeit letztlich bleibt, hängt von der Umgebungstemperatur ab. Kalte Klebstoffkomponenten sind dickflüssig und vermischen sich schwieriger. Auch ihr Auftragen auf die Klebestellen ist etwas umständlicher. Im Gegenzug verlangsamt sich gleichzeitig die zur Verfügung stehende Verarbeitungsdauer, aber auch die Aushärtezeit. Womit es länger dauert, bis die Klebestelle voll belastbar wird.

Bei hoher Temperatur reduziert sich die Verarbeitungsdauer. Gleichzeitig härtet die Klebung auch schneller aus. Bei zu hoher Temperatur kann der Kleber bereits vor dem Auftragen auf die Klebestelle unbrauchbar werden. Im Zweifelsfalle oder bei sehr hoher Umgebungstemperatur ist der Zweikomponentenkleber auf rund 20°C herabzukühlen.

Bevor man mit dem Zweikomponentenkleber zu arbeiten beginnt, empfiehlt sich das genaue Durchlesen der Gebrauchsanleitung

Trocknungsprozess

Unmittelbar nach dem Zusammenkleben zweier Bauteile ist der Kleber noch flüssig, womit seine Haftkraft noch äußerst gering ist. Doch die Haftkraft steigt schnell an. Bereits nach einer Stunde sind 80% jener Haftkraft erreicht, die die Klebestelle nach 24 Stunden erreicht. Bereits nach zwei Stunden sind es 90%. Entscheidend für eine gute Klebestelle sind jedoch die ersten Sekunden und Minuten. Anfangs hat man noch etwas Zeit, die beiden Teile in die exakte Position zu bringen. Danach sollte man der Klebestelle etwas Ruhe gönnen, indem man die zusammengeklebten Teile ruhig in einer Position liegen lässt, in der sie ihre Lage zueinander nicht verändern können. Nach 10 Minuten erreicht der 5 Min. Epoxy Zweikomponentenkleber von R&G erst 9% seiner endgültigen Haft- beziehungsweise Zugkraft. Währenddessen sollten die geklebten Teile fixiert werden.

Bereits nach einer Viertelstunde sind mehr als 35% der endgültigen Festigkeit erreicht. Daraus erkennen wir, dass heiklen Teilen, die im Betrieb hoher mechanischer Belastung ausgesetzt sind, eine längere Trocknungsphase zugestanden werden sollte.

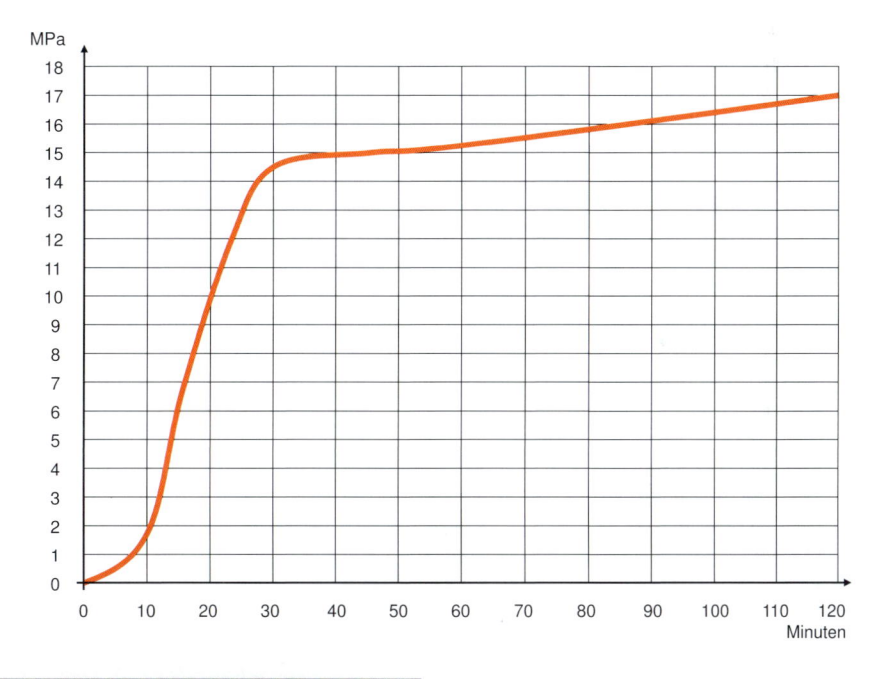

Trocknungszeit und Aushärtung	
10 min.	1,7 MPa
15 min.	6,8 MPa
30 min.	14,8 MPa
1 h	15,1 MPa
2 h	17,0 MPa
24 h	18,9 MPa

Die Grafik veranschaulicht, dass der Zweikomponentenkleber 5 Min. Epoxy von R&G bereits während der ersten Stunde weitgehend aushärtet

Wärmebelastbarkeit

Klebestellen sind eine Reihe von Belastungen ausgesetzt. Neben der mechanischen Belastung spielt auch die Hitzebeständigkeit eine Rolle. Mit dem normalen Temperaturspektrum im Sommer und Winter haben Klebstoffe durchweg keine Probleme. Bei höheren Temperaturen kann die Stabilität der Klebung jedoch nachlassen. Beim 5 Min. Epoxy Zweikomponentenkleber von R&G liegt die Wärmebelastbarkeit zum Beispiel bei 60°C.

Zweikomponentenkleber zum Selbstanrühren

Auch wenn sich Zweikomponentenkleber in Spritzenform wegen ihrer bequemen Handhabung vermehrten Zuspruchs erfreuen, gibt es die Klassiker zum Selbstanrühren noch immer. Zu ihnen zählt der Pattex 2K-Kleber Stabilit Express. Er ist ein leistungsstarker, schnell härtender Zweikomponentenkleber auf Acrylat-Basis. Mit ihm können ABS- und SAN-Kunststoffe, Acrylglas, alle Metalle, Beton, Glas und glasfaserverstärkte Kunststoffe, Hart-PVC, Holz, Keramik, Polycarbonat, Polystrol, Porzellan und Stein verklebt werden.

Der Kleber kommt in einer Schachtel, in der sich neben der Klebertube auch ein kleines Kunststoff-Arbeitstischchen mit zwei Mulden befindet. Eine Mulde ist verschlossen. In ihr befindet sich ein Härterpulver. Es ist mit einem kleinen ebenfalls im Lieferumfang enthaltenen Löffel zu entnehmen und in der zweiten leeren Mulde mit dem Kleber gründlich mit der dem Set ebenfalls beiliegenden spitzen Seite der Spachtel zu mischen. Je nach benötigter Klebstoffmenge sind zunächst ein, drei oder fünf Löffel Härterpulver in die Mischmulde zu geben und diese mit dem Kleberharz aufzufüllen. Das Klebergemisch ist mit der Spachtel dünn auf beide zusammenzuklebenden Teile aufzutragen. Danach sind sie zusammenzufügen und zum Beispiel mit einer Klammer oder Klebeband bis zur nach rund 20 Minuten beginnenden Anfangshaftung zu fixieren.

Der angerührte Kleber muss in 10 Mi-

Bei diesem Zweikomponentenkleber sind Pulver und Flüssigkeit miteinander zu verrühren

nuten verarbeitet sein. Er füllt Spalten und Materialunebenheiten aus. Der Kleber härtet schnell aus und erreicht seine Endfestigkeit von rund 150 kg/cm² nach einer Stunde. Ausgehärtete Klebestellen sind vibrationsbeständig und schleifbar.

Zu den Vorteilen des Stabilit Express zählt seine hohe Beständigkeit gegen Benzin, Öle und Fette sowie Wasser. Ferner verträgt er verdünnte Laugen und Säuren sowie Lösungsmittel. Damit ist er auch für Anwendungen im Freien geeignet. Der Stabilit Express kann von -20°C bis +80°C genutzt werden. Noch nicht genutzter Kleber in der Tube und Härtepulver sind in der Verpackung kühl und trocken zu lagern. Temperaturen über +30°C sind dabei zu vermeiden.

Zweikomponentenkleber entfernen

Solange der Stabilit Express noch nicht ausgehärtet ist, lässt sich Klebstoff mit Lösungsmittel wie Ethanol, entfernen. Bereits ausgehärteter Kleber lässt sich nur mehr mechanisch, zum Beispiel mit einem Spachtel, lösen.

Alles Holz

Holz ist eines der elementaren Materialien im RC-Modellbau. Auch wenn Holz mit Universal-, Mehrzweck- und Sekundenkleber ebenfalls verklebt werden kann, so war, ist und bleibt der klassische Holzklebstoff Leim.

Leim dient zum Verkleben von Holz und Holz-Werkstoffen. Daneben eignet er sich auch für Karton und Filz, sowie zum Furnier- und Kunststoffkanten ankleben. Womit sein klassisches Einsatzgebiet der Möbelbau ist. Zu ihm gehören auch die Montageverleimung von Dübel, Nut und Feder und das Verleimen von Fugen. Er ist aber auch aus dem Modellbau nicht wegzudenken. Was sich eindrucksvoll an Holzmodellen oder Holz-Teilen in Modellen zeigt.

Klassischer Leim

Leime werden heute für verschiedene Einsatzgebiete angeboten. An erster Stelle stehen Universalleime, wie der Ponal Classic. Sie sind für Holzklebearbeiten bestens geeignet und sorgen für eine sehr hohe Verlei-

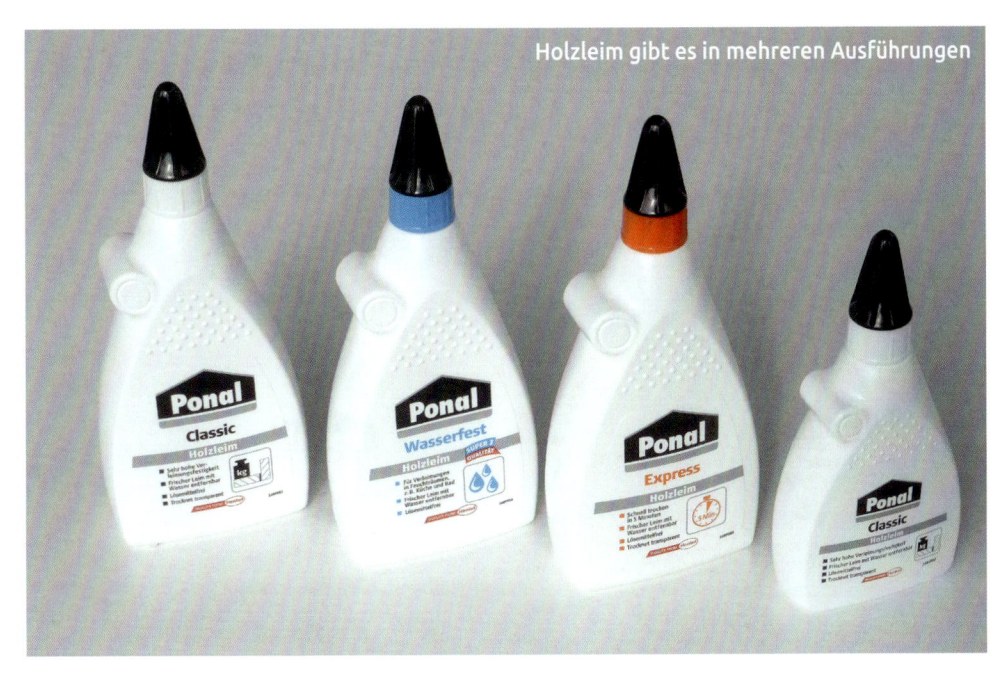

Holzleim gibt es in mehreren Ausführungen

mungsfestigkeit. Er trocknet transparent auf und ist kurzzeitig wasserbeständig. Die Endfestigkeit einer ausgetrockneten Leimfuge liegt im Allgemeinen über der Endfestigkeit des verleimten Holzes.

Universalleim, wie der Ponal Classic, sollten nur bei Temperaturen über +5°C verarbeitet werden. Die Klebeflächen müssen gereinigt, staub- und fettfrei sein. Der Leim ist bei normalem Holz auf einer Seite aufzutragen. Hartholz erfordert indes ein beidseitiges Auftragen. Solange der Leim noch feucht ist, sind beide Teile zusammenzupressen. Der Pressdruck sollte dabei mindestens 15 N/cm² betragen.

Klassischer Leim ist kein Turboklebstoff. Er braucht Zeit, um auszuhärten. Miteinander verklebte Teile sind bei Raumtemperatur für mindestens 20 Minuten zusammenzupressen. Dies geschieht etwa mit einer Spannzwinge oder durch Beschweren. Bei kälteren Temperaturen sind längere Wartezeiten erforderlich.

Expressleim

Neben dem klassischen, eher langsam klebenden Leim gibt es auch schnell trocknende Leime, wie Ponal Express. Sein Einsatzgebiet deckt sich im Wesentlichen mit dem von Universalleimen. Einschränkungen gibt es lediglich beim Verleimen von Kunststoffkanten, die nicht aus PVC, ABS oder rückseitig unbehandeltem oder ungeschliffenem Polyester bestehen.

Die Verarbeitung des Expressleims erfolgt auf gleiche Weise wie beim Classic-Leim. Unterschiede bestehen lediglich bei der Mindest-Verarbeitungstemperatur, die bei +6°C liegt. Weiter klebt der Expressleim ungleich schneller. Er sorgt bereits nach 5 Minuten für feste Verklebungen. Während der Aushärtezeit müssen die zusammengefügten Teile aber auch bei ihm zusammengepresst werden.

Universalleim eignet sich für beinahe alle Holz-Anwendungen

Expressleim härtet spürbar schneller aus als normaler Leim. Was das Kleben um einiges beschleunigt

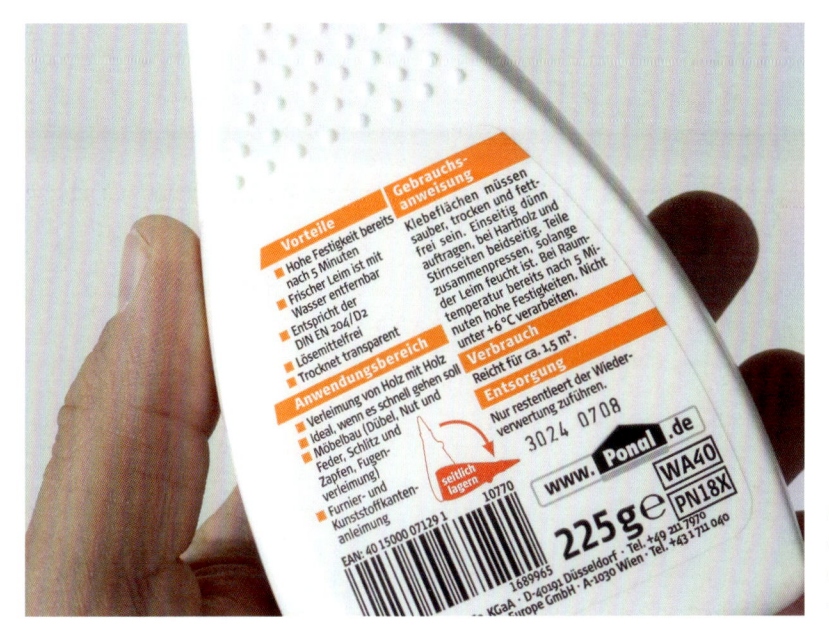

Auch bei Leim gilt: stets die Gebrauchshinweise beachten

Wasserfester Leim

Wasserfester Leim unterscheidet sich von den anderen Leimsorten durch seine Wasserbeständigkeit. Er ist für Verleimungen in Feuchträumen, wie Bädern, geeignet, kann aber auch im Freien eingesetzt werden. Die Handhabung ist mit anderen Leimsorten vergleichbar. Die Presszeit nach einer Klebung sollte bei Raumtemperatur mindestens 15 Minuten betragen. Wobei ein Mindest-Pressdruck von 20 N/cm² gefordert ist.

Wasserfester Leim findet primär in Feuchträumen Verwendung. Im RC-Modellbau ist er für den Bootsbau interessant

Lagerung

Leim trocknet schnell aus. Deshalb sind Leim-Flaschen während des Nichtgebrauchs stets zu verschließen. Bei Classic-Leim beträgt die offene Zeit bei 20°C Raumtemperatur maximal 12 Minuten. Bei Expressleim sollten 8 Minuten nicht überschritten werden. Bei wasserfestem Leim beträgt die höchstzulässige offene Zeit bei 23°C 12 Minuten.

Idealerweise werden Leime kühl und frostfrei gelagert.

Heißkleben

Heißkleben ist zwar weit verbreitet, dass man es aber auch dabei mit einem Klebeverfahren im klassischen Sinn zu tun hat, ist vielen gar nicht bewusst. Wahrscheinlich deshalb, weil hier kein üblicher dünn- oder dickflüssiger Kleber aus Tuben oder Flaschen zum Einsatz kommt. Stattdessen hat man es mit einer sogenannten Heißklebepistole und Klebestiften zu tun.

Heißklebungen werden hauptsächlich für kleinflächige und punktuelle Klebungen, sowie für Klebenähte verwendet.

Heißklebepistole

Die erste Heißklebepistole wurde 1973 in den USA auf den Markt gebracht. Heißklebepistolen sind in ihrem Aufbau und Funktionsprinzip einer echten Pistole nachempfunden. Sie hat an der Rückseite eine runde Öffnung, in die eine Klebestange geschoben werden kann. Dies ist ein Schmelzklebstoff, der im Inneren der Klebepistole durch ein elektrisches Heizelement geschmolzen wird. Einige wenige Heißklebepistolen arbeiten stromunabhängig mit Brenngas.

Mit betätigen des Abzughebels oder -knopfs wird die Klebestange nach vorn gedrückt. Damit wird der bereits flüssige Kleber durch eine dünne Düse gepresst. Einfache Klebepistolen kommen ohne Transport- oder Abzughebel aus. Bei ihnen ist die Klebestange an der Rückseite mit dem Daumen nachzuschieben.

Je nach Modell arbeiten Heißklebepistolen mit einer Schmelztemperatur ab etwa 105°C. Bei ihnen spricht man von Niedrigtemperaturgeräten. Hochtemperatur-Heißklebepistolen erhitzen den Klebestift auf ca. 165 bis 195°C.

Klebestifte

Klebestifte gibt es für verschiedene Anwendungsgebiete mit Durchmessern von 7 oder 11 mm. Für einen dieser beiden Durchmesser sind auch die meisten Heißklebepistolen ausgelegt. Eine Randerscheinung beim Heißkleben sind 12 und 18 mm dicke Klebestifte. Für sie braucht es geeignete Heißklebepistolen.

Bei der Wahl der Klebestifte ist zunächst auf den Durchmesser zu achten. Klebestift und Heißklebepistole müssen zusammenpassen. Weiter sind Klebestifte für verschiedene Temperaturklassen vorgesehen. So müssen etwa für mit Niedrigtemperatur arbeitende Klebepistolen auch niedrigtemperaturgeeignete Klebestifte verwendet werden. Sie werden in der 7-mm-Klasse für rund 105°C oder etwa 165°C angeboten. Für 195°C Hochtemperatur ausgelegte Klebestifte gibt es mit 11 mm Durchmesser und einer Länge von etwa 10 cm. Klebestifte sind flexibel. Sie lassen sich bis über 90° biegen und sogar etwas zusammendrücken.

Auch die zu verklebenden Materialien haben Einfluss auf die Art des benötigten Klebestifts. Vielzweckstifte eignen sich für beinahe alle Materialien. Sie gibt es als weiße Standardware sowie für transparente und in verschiedene Farben, wie rot, grün, blau, gelb, schwarz usw. eingefärbte Klebeverbindungen. Zusätzlich gibt es für Holzklebearbeiten besonders dafür geeignete Klebestifte. Sie sind gelblich eingefärbt.

Klebestifte bestehen primär aus Ethylenvinylacetat (EVA). Gelegentlich kommen auch Polyamide (PA) oder Polyofine (PO) zum Einsatz.

Klebestifte gibt es für Standardanwendungen und speziell für Holz-Klebearbeiten (rechts)

Neben dem Einsatzgebiet ist auch der Durchmesser der Klebestifte entscheidend. Er muss zur vorhandenen Heißklebepistole passen

Klebestifte sind flexibel und lassen sich sogar biegen

Heißklebepistole vorgestellt

Sehen wir uns eine Heißklebepistole am Beispiel der Dremel 940 näher an. Sie gehört zu den gut ausgestatteten Heißklebepistolen, die für Klebestifte der Durchmesser 11 und 12 mm ausgelegt ist. Damit ist sie gleichzeitig ein Hochtemperaturgerät, das den Einsatz für 195° C geeignete Klebestifte erfordert.

Das Gerät liegt gut in der Hand und ist mit einem aufklappbaren Standfuß versehen. Was ein einfaches und stabiles Positionieren der Heißklebepistole zwischen zwei Arbeitsschritten erlaubt. Der leichtgängige Abzug gewährleistet bereits bei leichtem Druck einen konstanten Kleberausstoß an der Klebedüse. Diese ist übrigens zum Schutz vor Verbrennungen wärmeisoliert. Nur die vorderen 2 mm der Klebedüse sind frei zugänglich.

Für anspruchsvolle Klebearbeiten schmilzt die Dremel 940 bis zu 18 Gramm Klebestift pro Minute. Was annähernd zwei Klebestiften entspricht. Damit lässt sich binnen kürzester Zeit auch eine sehr große Menge an Kleber auf den Arbeitsbereich aufbringen.

Die Aufheizzeit der Klebepistole liegt bei 5 Minuten. Zu ihren Highlights gehört ein Ein-Aus-Schalter, der den Betriebszustand mit einer roten Lampe signalisiert. Weiter ist das Stromkabel abnehmbar. Das erlaubt auch den stromlosen Betrieb für bis zu 5 Minuten an schwer zugänglichen Stellen oder einfach dort, wo keine Steckdose vorhanden ist.

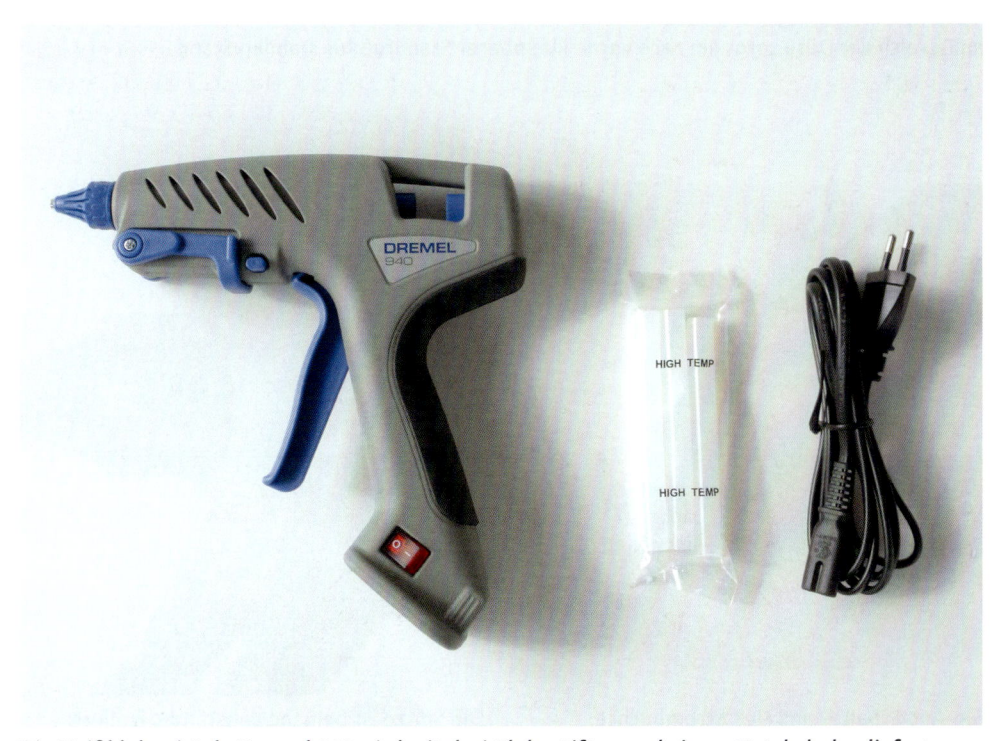

Die Heißklebepistole Dremel 940 wird mit drei Klebestiften und einem Netzkabel geliefert. Sie ist für 11-mm-Klebestifte vorgesehen

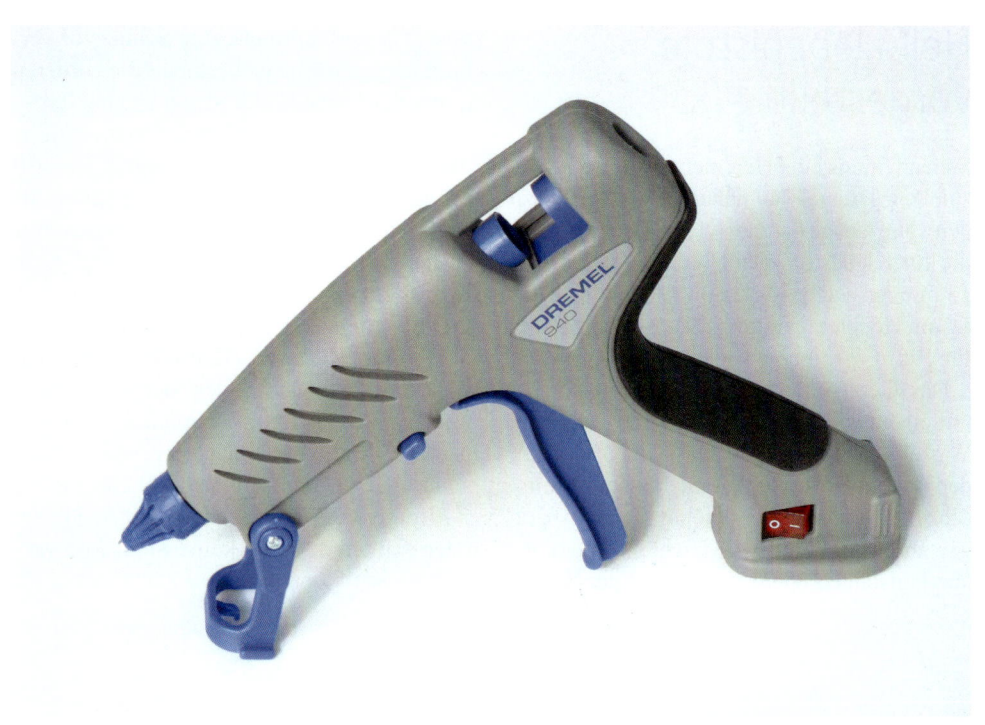

Im Bereich der Düse sorgt ein nach vorne klappbarer Standfuß für stabilen Stand

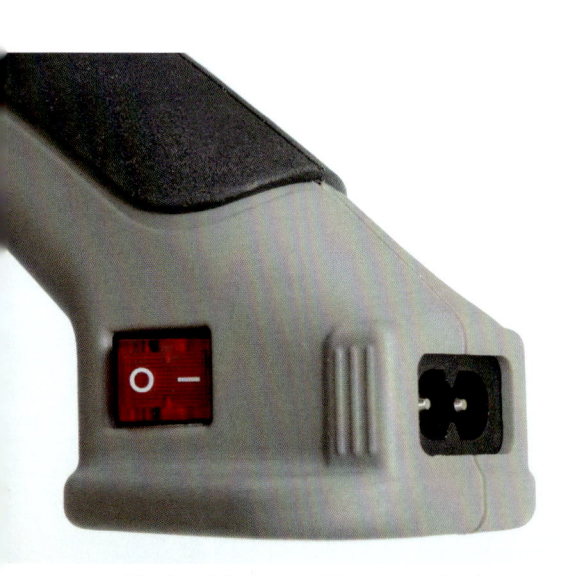

Ein-Aus-Schalter und Netzstrombuchse. Ist die Klebepistole erhitzt, kann man mit ihr auch bis zu 5 Minuten stromlos arbeite.

Die Spitze ist beinahe vollständig isoliert. Womit Verbrennungen durch zufälliges Berühren auf ein Minimum reduziert sind

Die Düse ist abschraubbar und kann bei Bedarf gewechselt werden

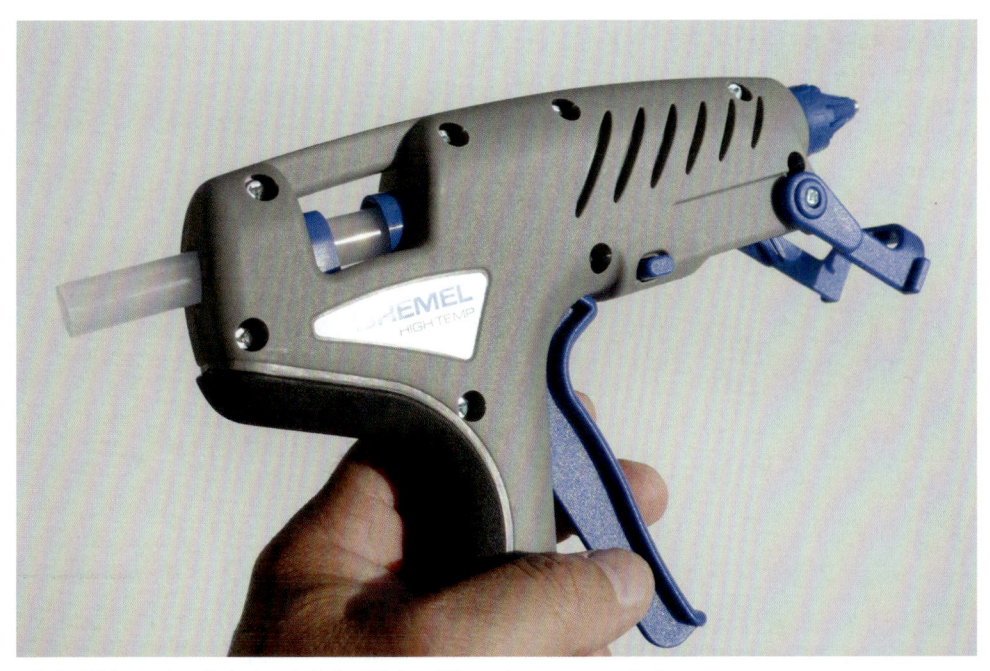

Mit Betätigen des Hebels wird der Klebestift nach vorne geschoben

Arbeiten mit der Heißklebepistole

Wie allgemein bei Klebearbeiten üblich, müssen auch hier die zu verklebenden Teile sauber, trocken und fettfrei sein. Da beim Heißkleben der Klebstoff jedenfalls über 100°C heiß ist, darf zum Reinigen der Klebeflächen keinesfalls brennbares Lösungsmittel verwendet werden.

Die zu verklebenden Werkstoffe müssen eine Temperatur zwischen +5 und +50°C haben. Um bei schnell abkühlenden Materialien, wie Metall, gute Klebungen zu erreichen, sollten diese innerhalb des zulässigen Temperaturbereichs zusätzlich erwärmt werden.

Die Spitze der Klebepistole und der verflüssigte Kleber werden sehr heiß. Es besteht Verbrennungsgefahr. Damit gehören Heißklebepistolen auch nicht in Kinderhände. Selbst bei Erwachsenen fordern sie einen achtsamen Umgang. Heißer Kleber darf nicht auf Personen oder Tiere gelangen.

Berührt heißer Kleber die Haut, ist der betroffene Teil schnellstmöglich für mehrere Minuten unter kaltem, fließendem Wasser zu kühlen. Es wird dringend davon abgeraten, den zähen, heißen Kleber von der Haut zu wischen. Weitere Verbrennungen wären die Folge.

Schraubensicherungslacke

Ein Schraubensicherungslack ist kein klassischer Klebstoff, mit dem ein Modell zusammengebaut werden kann. Er erfüllt lediglich eine Schutzfunktion, die die Betriebssicherheit eines Modells deutlich verlängern hilft. Im Betrieb können RC-Modelle sehr hohen Belastungen ausgesetzt sein. Was besonders bei RC-Offroad-Cars zutrifft. Ihr gesamter Aufbau muss diesen Anforderungen standhalten. Dazu gehören insbesondere auch alle verschraubten Teile. Eine Schraube einfach nur fest anzuziehen mag genügen, wenn ein Modell nur in der Vitrine steht. Aus der allgemeinen Praxis wissen wir aber, wie schnell sich Schrauben selbst bei geringen Belastungen wie Rütteln und dergleichen, zu lösen beginnen. Dass dies im Offroad-Einsatz oder etwa auch bei waghalsigen Flugmanövern bei RC-Hubschraubern ungleich schneller vor sich geht, liegt auf der Hand. Der Verlust einer einzigen Schraube könnte dabei fatale Folgen nach sich ziehen.

Das laufende Kontrollieren aller Schrauben und Muttern auf festen Sitz ist nicht praktikabel, da man im Modell längst nicht jede erreichen würde. Hier sorgen Schraubensicherungen für Abhilfe. Unter ihnen versteht man spezielle Lacke, die auf Schraubverbindungen aufgetragen werden, um ein selbstständiges Lösen der Schrauben zu verhindern. Im RC-Modellbau und vielen Geräten des täglichen Lebens kommt dazu Schraubensicherungslack zum Einsatz, der nach Verdunsten eines Lösungsmittels eine hohe Festigkeit erreicht.

Je nach Ausführung können mit Schraubensicherungslack behandelte Schraubverbindungen mit Hilfe von Werkzeug wieder gelöst werden oder schaffen eine dauerhafte, unlösbare Verbindung. Für den RC-Modellbau eignen sich am besten niedrig- und mittelfeste Sicherungslacke. Mit hochfesten Lacken gesicherte Schrauben und Muttern könnten nicht ohne deren Zerstörung gelöst werden. Was Modifikationen oder -reparaturen am Modell erheblich erschweren bis sogar unmöglich machen würde.

Multifunktionale Sicherungslacke

Der „Beli-CA quattro" von Adhesions Technics ist ein typischer Vertreter für Multifunktionslacke. Er empfiehlt sich zum Sichern

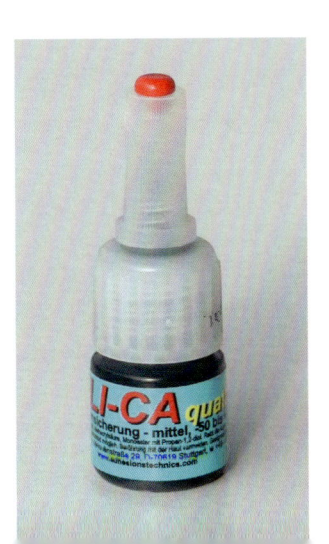

Der Beli-CA quattro ist ein multifunktioneller Sicherungslack

von Schrauben, dem Abdichten von Gewinden, Flanschen und Flächen sowie dem Befestigen von Lagern und Buchsen. Dank seiner zähflüssigen Viskosität kann der Lack auch über Kopf verwendet werden. Seine Einsatztemperatur erstreckt sich von -50 bis +150°C.

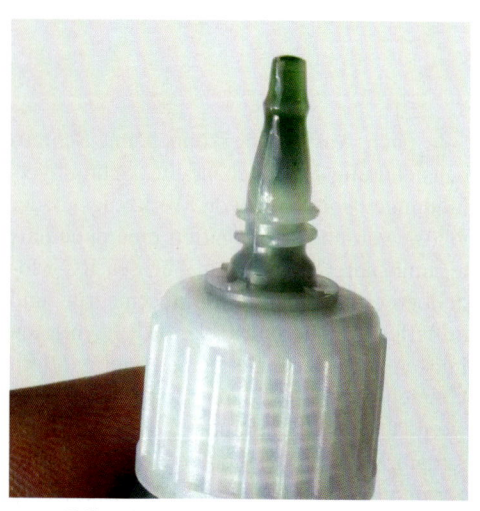

Der zähflüssige Lack eignet sich zum Sichern von Schrauben, dem abdichten von Gewinden, Flanschen und Flächen, sowie dem Befestigen von Lagern und Buchsen

Schraubensicherungslack anwenden

Schraubensicherungslacke dienen zum Verkleben von Schrauben, sodass sich diese bei Vibrationen nicht von selbst lockern können. Um diesen Effekt zu erzielen, braucht es pro Schraube nur wenige Tropfen des Sicherungslacks. Für kleine Schrauben, so wie sie im Modellbau üblich sind, kann die Düse eines Schraubensicherungsfläschchens zu groß sein. Damit nicht zu viel des Sicherungslacks auf die Schraube tropft, werden von mehreren Kleberherstellern spezielle Aufsteck-Nadeldüsen angeboten, die auf das Fläschchen zu stecken sind. Mit ihnen wird es möglich, auch sehr geringe Mengen an Sicherungslack aufzutragen.

Zur Schraubensicherung bieten sich zwei Möglichkeiten an. Bei der ersten Variante wird der Sicherungslack auf das Schraubengewinde aufgebracht. Wobei ein Tropfen auf einer Seite genügt. Wird die Schraube anschließend an ihrem Bestimmungsort angeschraubt, verteilt sich der Sicherungslack zwischen der Schraube und dem Gewinde und sorgt hier für festen Halt.

Als zweite Option bietet sich an, die Schraube mit dem Gehäuse zu verkleben. Dabei wird ein Tropfen unter dem Schraubenkopf platziert. Beim Festdrehen der Schraube entsteht so eine Verbindung zwischen der Gehäuseober- und der Schraubenkopfunterseite. Weiter gelangt etwas Sicherungslack auf das Gewinde, wodurch weiter für festen Halt gesorgt wird.

Von elektronischen Geräten ist auch bekannt, dass Sicherungslack auf den Schraubenköpfen aufgebracht wurde. Hier erfüllen sie eher eine Schutzfunktion vor unberechtigtem Öffnen der Geräte. Bei beschädigtem Sicherungslack erlöschen gewöhnlich die Garantieansprüche.

Ist der Sicherungslack abgetrocknet, sorgt er für einen festen Sitz der Schraube. Womit ein optimaler Vibrationsschutz gegeben ist. Eine so gesicherte Schraube lässt sich dennoch wieder lösen. Allerdings ist dazu mit dem Schraubendreher etwas Kraftaufwand erforderlich, bis der glashart getrocknete Sicherungslack bricht. Lösbar sind Schrauben übrigens nur bei der Verwendung von maximal mittelfestem Schraubensicherungslack. Mit hochfestem Lack wird eine nicht mehr lösbare Verbindung geschaffen. Bei ihr müsste eine Schraube beispielsweise mechanisch aufgebohrt, also im weiteren Sinne zerstört, werden.

Für feine Schrauben ist die Düse des Schraubensicherungslackfläschchens zu groß

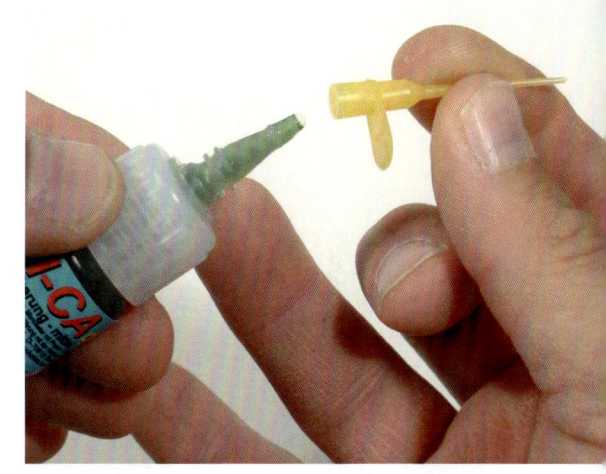

Deshalb gibt es als Zubehör spezielle Aufsteck-Nadeldüsen

Auf das Gewinde ist ein Tropfen Sicherungslack aufzubringen

Ihn kann man hier gut erkennen

Alternativ bietet sich an, etwas Schraubensicherungslack unter den Schraubenkopf zu spritzen. So wird eine feste Verbindung zwischen Schraube und Gehäuse geschaffen

Klebepraxis

Modelle abseits der bereits fertig zusammengestellten Einsteigersets müssen erst zusammengebaut werden. Das trifft für ferngesteuerte Flugmodelle oder Cars ebenso zu, wie für besonders naturgetreue Modelle für die Vitrine oder etwa Häuschen für die Modellbahn.

In allen Fällen steht an oberster Stelle das solide Zusammenkleben eines Bausatzes. Schließlich soll das fertige Modell allen Anforderungen gerecht werden. Womit auch eine hohe mechanische Festigkeit und Langlebigkeit der Klebungen gefordert werden. Ein Modell soll aber nicht nur stabil, sondern auch schön anzusehen sein. Auch in diesem Punkt entscheidet das richtige Kleben.

Ab diesem Kapitel wollen wir uns nicht nur damit befassen, wie man einen Bausatz am Beispiel des Heavy Duty Trailers von Revell korrekt zusammenbaut. Wir wollen auch ergründen, welche Fehler es zu vermeiden gibt und wie sich das Modell mit allen erdenklichen Klebstoffen zusammenkleben lässt. Die Verwendung nicht oder nur bedingt geeigneter Klebstoffe soll zeigen, was man damit erreichen kann. Diese Erfahrungen können etwa für schnelle Reparaturen hilfreich sein, wenn man genötigt ist, mit nicht standardmäßig dafür vorgesehenen Klebern arbeiten zu müssen.

Erste Arbeitsschritte

Zunächst sind die für die ersten Klebearbeiten benötigten Bauteile aus den Spritzgussästen zu lösen. Damit ihre Oberflächen unbeschadet bleiben und keine Teile ausreißen, werden sie aus den Gießästen behutsam herausgeschnitten. Danach sind die Schnittflächen mit einer feinen Feile nachzubearbeiten. Nur so wird Passgenauigkeit erreicht, die eine der Grundvoraussetzungen für eine solide Klebung ist.

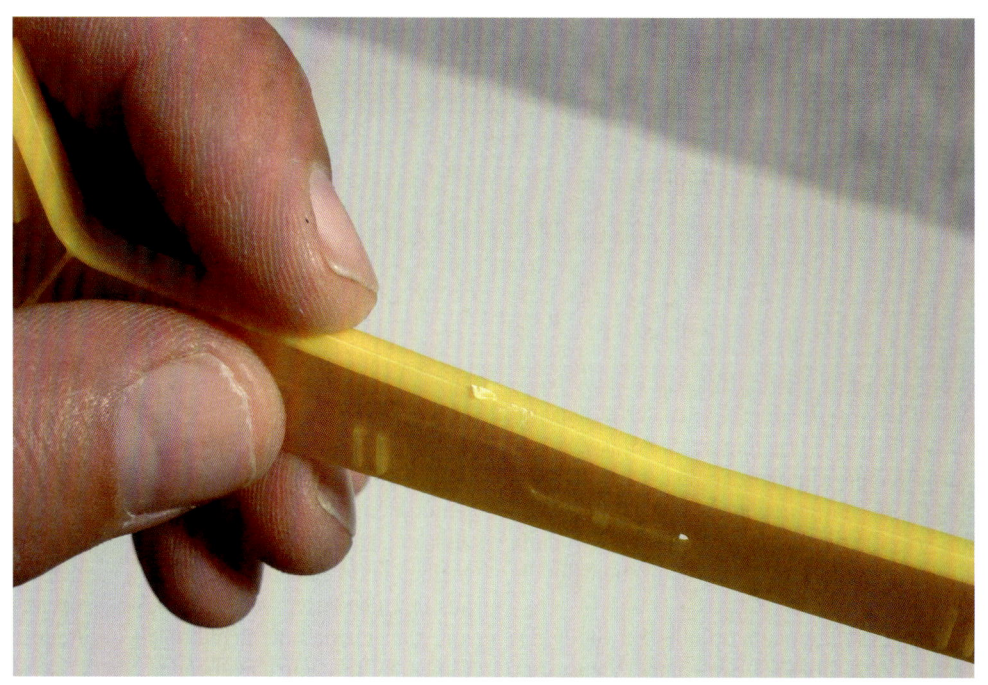

An den Schnittflächen sind Unebenheiten die Regel, die die Passgenauigkeit der Teile mindern

Deshalb sind sie mit einer Feile nachzuarbeiten

Alternativ können überstehende Teile auch mit einem scharfen Messer abgeschnitten werden

Kleben mit Kunststoffklebern

Für unsere ersten Klebungen greifen wir zum Revell Contacta Liquid, der speziell für solche Anwendungen gedacht ist. Der dünnflüssige Kleber wird mit einem feinen Pinsel, der im Inneren der Kleberflaschenverschraubung angebracht ist, aufgetragen. Damit nicht zu viel Klebstoff verwendet wird, ist der Pinsel zunächst am Flaschenrand abzustreifen. Der noch am Pinsel verbliebene Kleber reicht mehr als genug, um damit die Klebefläche zu bestreichen. Selbst hier läuft man noch Gefahr, zu viel Kleber aufzutragen.

Anschließend sind die zu klebenden Teile in Position zu bringen und zusammenzupressen, bis sie gut aneinanderzuhaften beginnen. Was nach rund 10 Sekunden der Fall ist. Fest ist die Klebung deshalb noch lange nicht. Die verklebten Komponenten lassen sich auch nach mehreren Minuten noch bewegen und sogar wieder lösen. Dabei präsentiert sich der auszuhärtende Kleber als eine Art Gummiband und lässt sich hochelastisch dehnen, bis die Kleberverbindung zwischen den sich längst nicht mehr berührenden Teilen reißt. Ein Nachteil? Nein! Einmal gibt uns diese Eigenschaft die Chance, irrtümlich falsch zusammengesetzte Bauteile unbeschadet wieder zu lösen. Schließlich verschweißt der Kunststoffkleber die Bauteile während dieser frühen Phase noch nicht.

Auch nach einer Stunde lassen sich zusammengeklebte Bauteile noch eingeschränkt bewegen. Was ein eventuelles flexibles Ausrichten im Zuge der weiteren Arbeitsschritte erlaubt. Allerdings merkt man bereits, dass die Klebung spürbar an Festigkeit gewonnen hat. Man braucht übrigens nicht so lange zu warten, um nach einer Klebung weiterzubasteln. Bereits kurz nach dem Zusammenfügen zweier Teile kann fortgefahren werden. Allerdings stets in Abhängigkeit der zuvor ausgeführten Schritte und den Empfehlungen in der Bauanleitung.

Die geforderte Festigkeit kommt mit der Austrocknungszeit. Lässt man zusammengeklebte und fixierte Komponenten jedenfalls eine Stunde ruhen, wird jene Festigkeit erreicht, wie man sie sich vorstellt. Womit eine perfekte, nicht mehr lösliche und auch nicht verschiebbare Verbindung gemeint ist. Später belasteten Teilen, wie beispielsweise Fahrwerke auf denen das Gewicht des Modells ruht, sollte man allerdings auf jeden Fall vor der Belastung eine Austrocknung über Nacht gönnen.

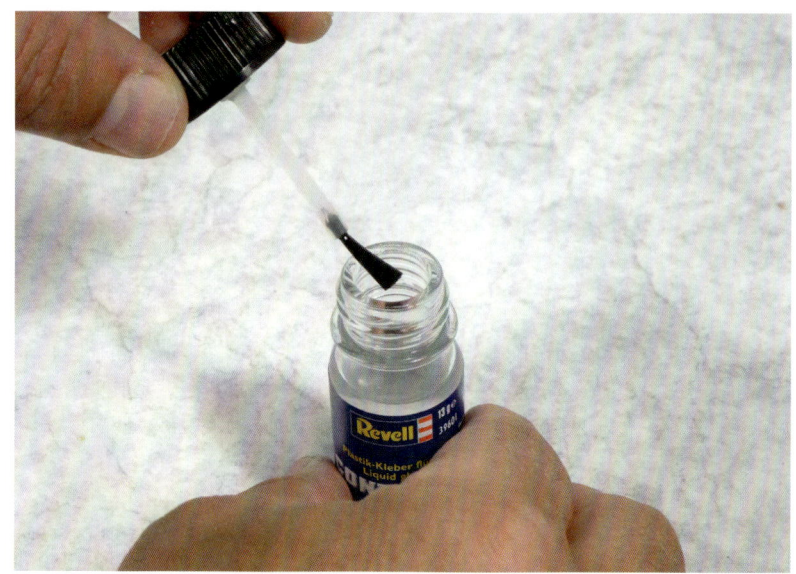

Damit nicht zu viel Klebstoff verwendet wird, ist der Pinsel zunächst am Flaschenrand abzustreifen

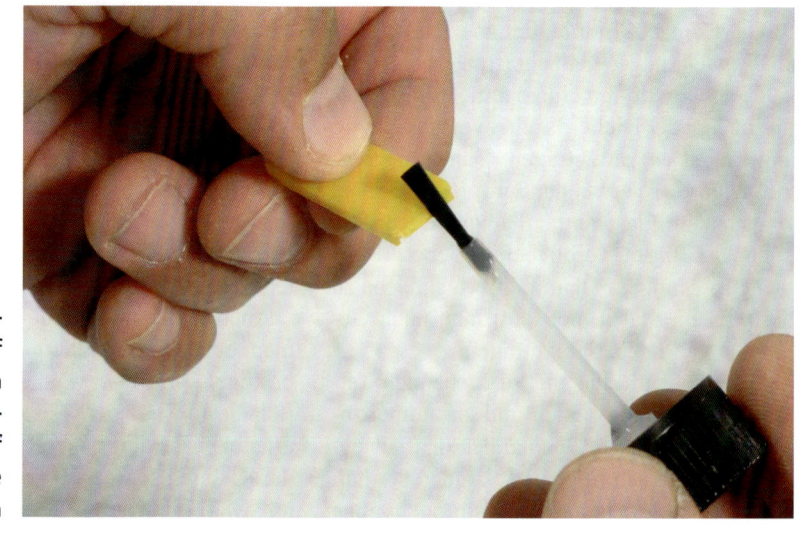

Der dünnflüssige Klebestoff wird mit dem Pinsel in geringer Menge auf das zu klebende Teil aufgetragen

62

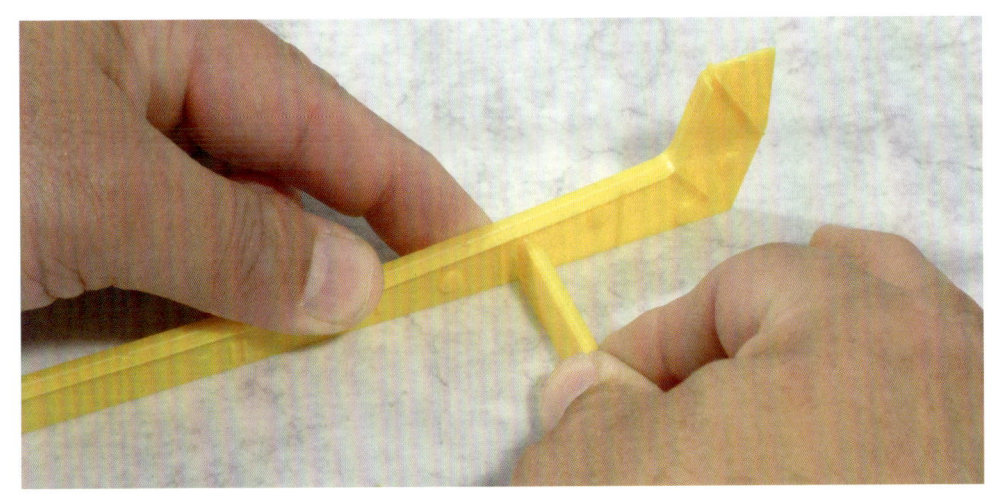

Danach werden beide Teile unter Druck zusammengefügt

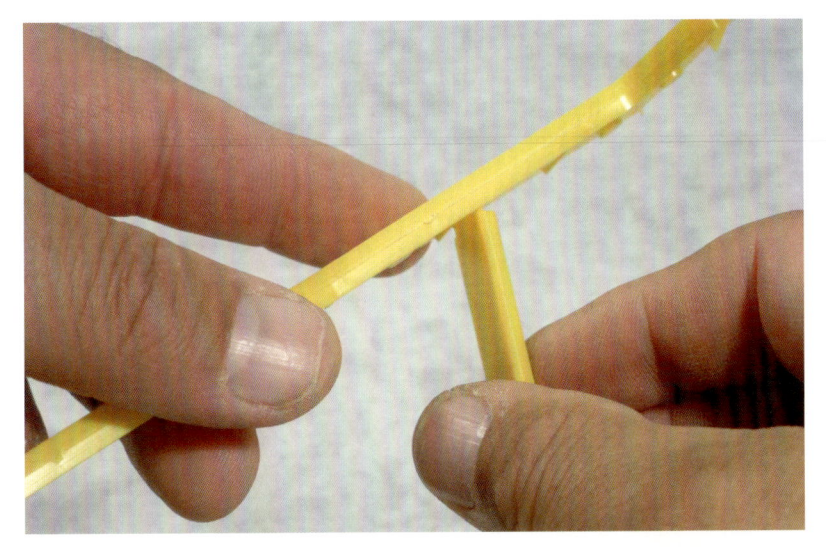

Nach rund 10 Minuten ist der Kleber erst leicht angetrocknet. Das angeklebte Bauteil lässt sich noch leicht hin und her bewegen

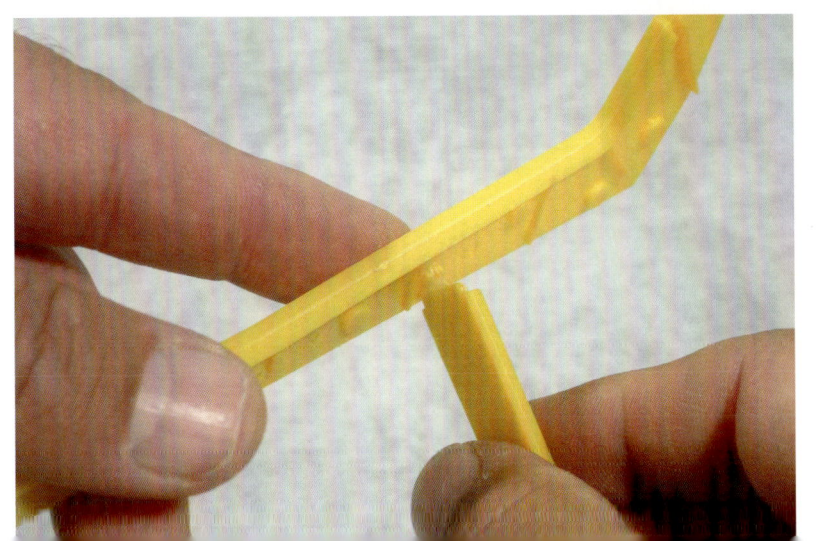

Unter Ausübung von etwas Zugkraft lassen sich die verklebten Komponenten auch noch lösen. Erst nach etwa einer Stunde wird ein hoher Festigkeitsgrad erreicht

Damit eine stabile Klebung erreicht wird, schadet es nicht, die verklebten Teile unter Druck zu fixieren. Ich habe dazu ganz simpel einen schweren Ständer für Klebeband verwendet

Auch der Revell Contacta Professional ist den Kunststoffklebern zuzuordnen. Er verfügt über eine nadelfeine Kanüle, die ein punktgenaues Auftragen des schnelltrocknenden, dünnflüssigen Klebers erlaubt. Womit sich dieser Kleber insbesondere zum Verkleben von Kleinteilen empfiehlt. Die Aushärtung beginnt bereits nach kurzer Zeit, wobei nach 10 Minuten bereits eine beachtliche Festigkeit erreicht wird.

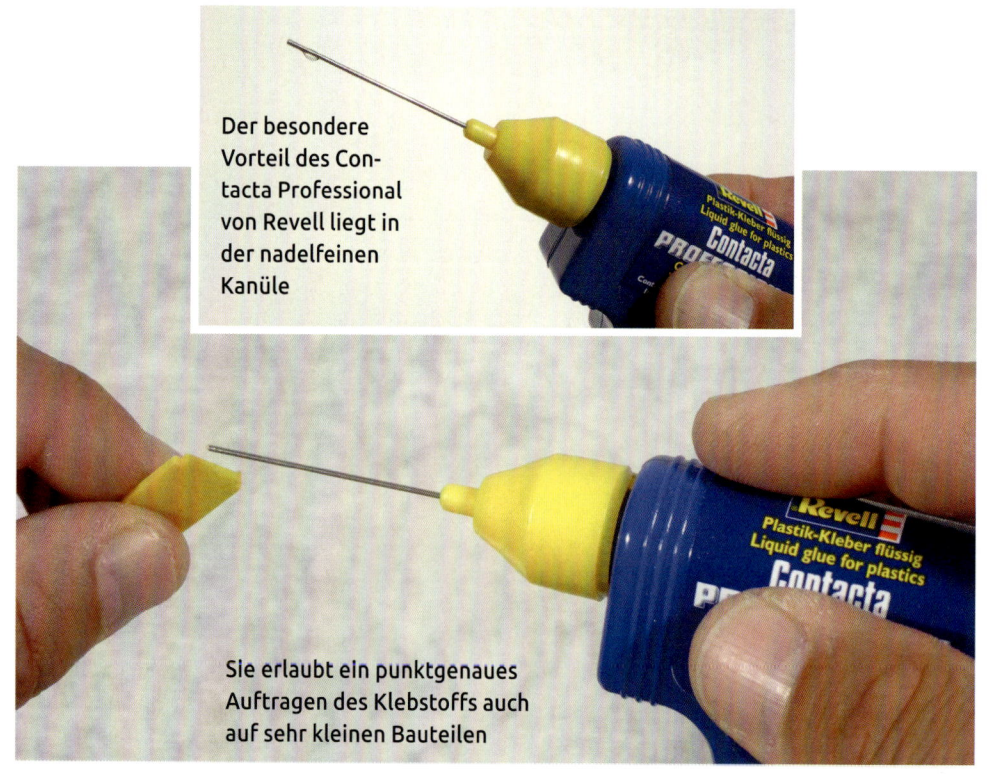

Der besondere Vorteil des Contacta Professional von Revell liegt in der nadelfeinen Kanüle

Sie erlaubt ein punktgenaues Auftragen des Klebstoffs auch auf sehr kleinen Bauteilen

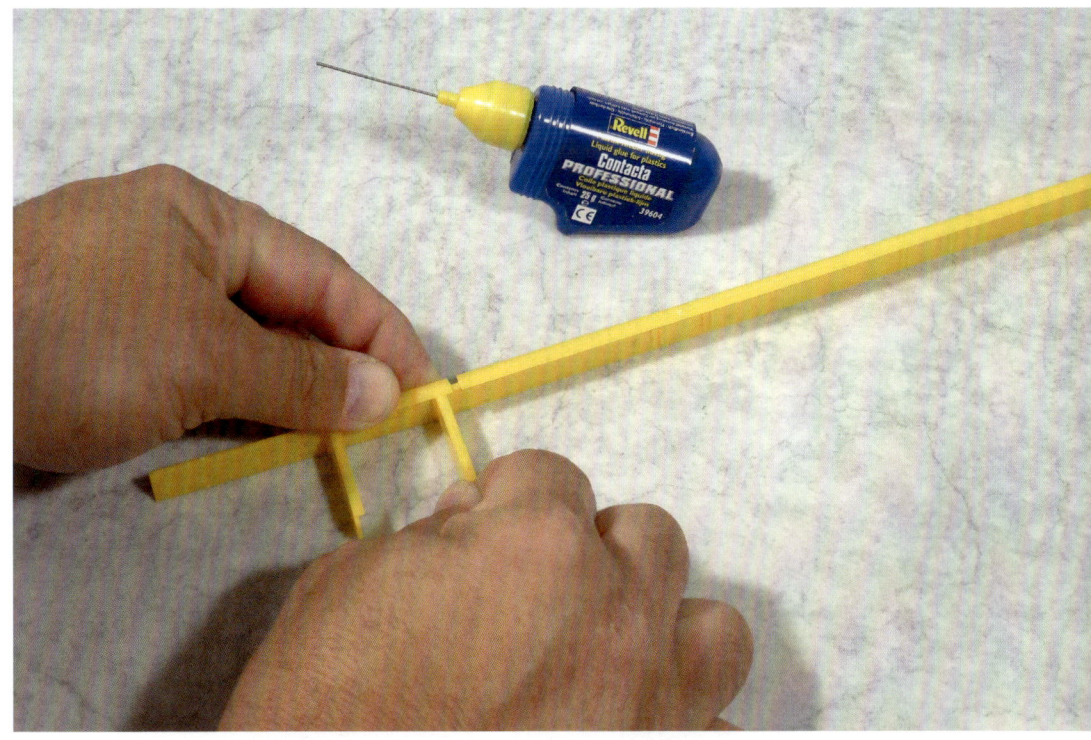

Bereits nach wenigen Sekunden Zusammendrücken wird eine hohe Anfangsfestigkeit erreicht

Beli-Zell Konstruktionsklebstoff

Als Nächstes muss sich der Beli-Zell Konstruktionsklebstoff an unserem Bausatz bewähren. Ihn gibt es in zwei Ausführungen. Beide kommen in einer luftdicht verschlossenen Metalltube, die zuerst mit einer Nadel oder ähnlichen aufzustechen ist, nachdem die sehr feine Düse abgeschraubt wurde.

Als Erstes versuchen wir den Beli-Zell Konstruktionsklebstoff mit schwarzer Kappe. Der Klebstoff ist etwas dickflüssiger und gelblich eingefärbt. Dank der sehr dünnen Düse lassen sich an der Arbeitsstelle sehr feine Kleberraupen aufbringen. Damit ist gewährleistet, mit einem Minimum an Kleber das Maximum an Arbeitsleistung zu erhalten.

Unmittelbar nach dem erstmaligen Zusammenpressen lassen sich die zu verklebenden Teile noch frei bewegen. Etwa so, als würden sie nur frei aufeinander liegen. Von einer beginnenden Haftkraft ist noch nichts zu spüren. Deshalb ist es speziell beim Beli-Zell Konstruktionsklebstoff wichtig, die eben verklebten Bauteile zu fixieren. Nach rund 10 Minuten beginnt der Kleber auszuhärten. Von richtig fest kann man allerdings noch nicht sprechen. Nach einer Stunde scheint die Klebung gut ausgehärtet zu sein. Also wird am angeklebten Stück etwas angezogen. Anfangs scheint es tatsächlich festzuhalten. Doch kurz darauf löst sich das Teil. Der ausgehärtete Klebstoff klebt auf beiden Kunststoffteilen und lässt sich leicht mit den Fingern lösen. Die

Oberflächen der Werkstoffe wurden nicht angegriffen.

Zweiter Versuch. Diesmal wird auf beiden zu verklebenden Flächen dünn Klebstoff aufgetragen. Nach dem ersten Zusammenpressen werden die Teile gegen Verrücken fixiert und weiter gepresst. Nach mehr als zwei Stunden wird die Festigkeit der Klebestelle geprüft. Diesmal ist sie noch weicher und erlaubt das sofortige entfernen des angeklebten Teils. Der auf den wieder gelösten Teilen haftende ausgetrocknete Klebstoff lässt sich wieder leicht mit dem Finger entfernen.

Damit scheint der Beli-Zell Konstruktionsklebstoff mit schwarzer Kappe nicht das Richtige für unseren Modellbausatz zu sein.

Der Beli-Zell Konstruktionsklebstoff wird auch mit weißer Tubenkappe angeboten. Da die Beschriftung mit der Tube mit schwarzer Kappe übereinstimmt, könnte man meinen, hier handle es sich um dasselbe Produkt mit nur geringfügig anderer Verpackung.

Tatsächlich enthält die Tube mit weißer Kappe einen weißen Klebstoff, der in seiner Konsistenz an Holzleim erinnert. Dank der sehr feinen Düse lässt sich der schon etwas zähflüssig wirkende Kleber sehr gut auch an kleinen Klebestellen auftragen, ohne zu viel davon zu erwischen. Da der Kleber nach dem Aushärten als weißer Streifen im Arbeitsbereich sichtbar bleibt, sticht es sofort ins Auge, wo zu viel Klebstoff aufgetragen wurde.

Bereits nach 10 Minuten erreicht der weiße Beli-Zell Konstruktionsklebstoff eine unerwartet hohe Festigkeit. Binnen weniger Stunden ist er so stark ausgehärtet, dass man meint, bei den verklebten Teilen habe es sich stets um ein einziges gehandelt. Damit erfüllt der weiße Beli-Zell Konstruktionsklebstoff höchste Anforderungen beim Kleben von Kunststoff-Bausätzen.

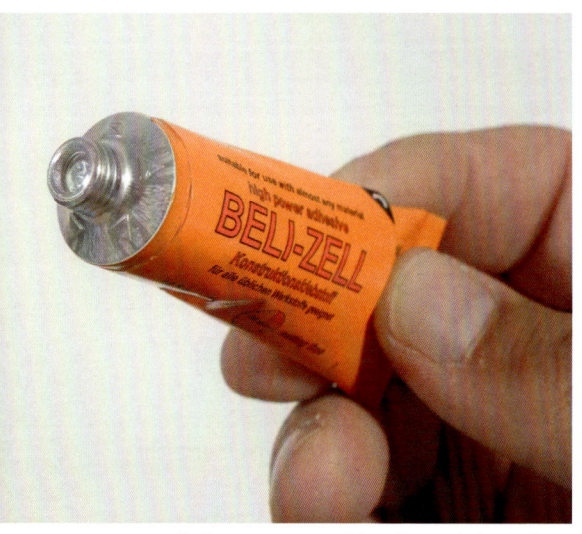

Im Auslieferungszustand ist diese Klebertube luftdicht verschlossen und ist zum Beispiel mit einer Nadel oder einem Nagel aufzustechen

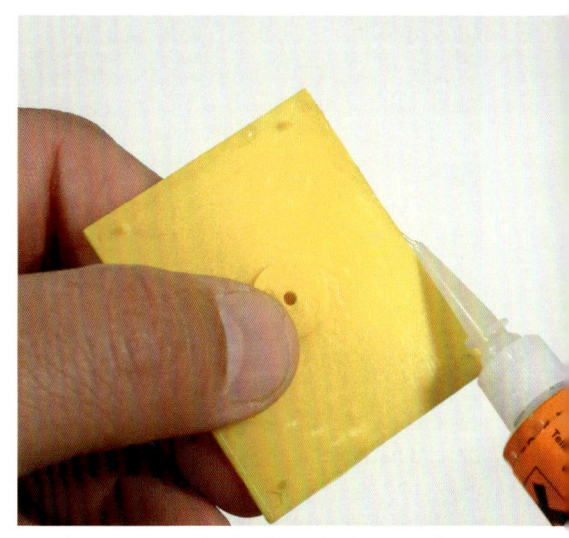

Die dünne Düse erlaubt das sehr feine Auftragen des Klebers

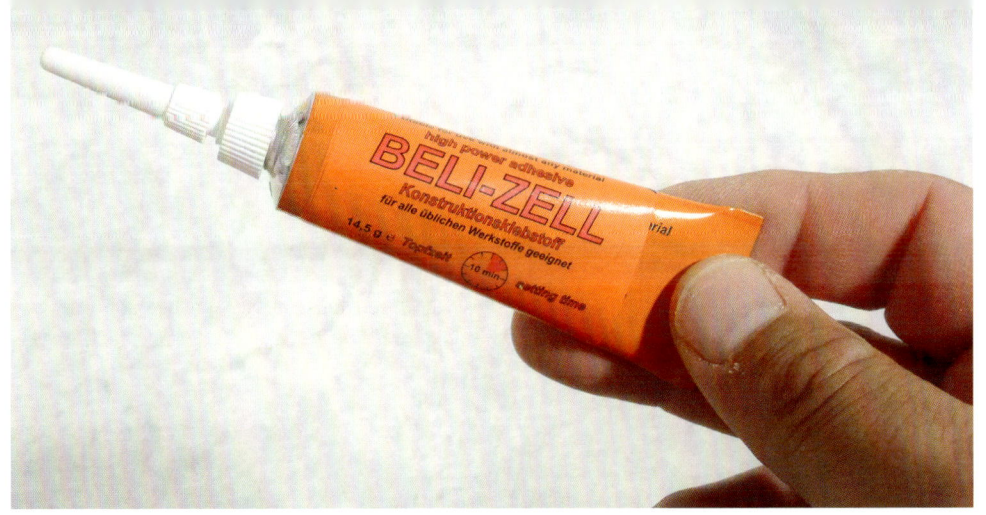

Der weiße Beli-Zell Konstruktionsklebstoff unterscheidet sich an der Tube zu erkennen nur in der weißen Kappe von seinem Kollegen mit der schwarzen Kappe

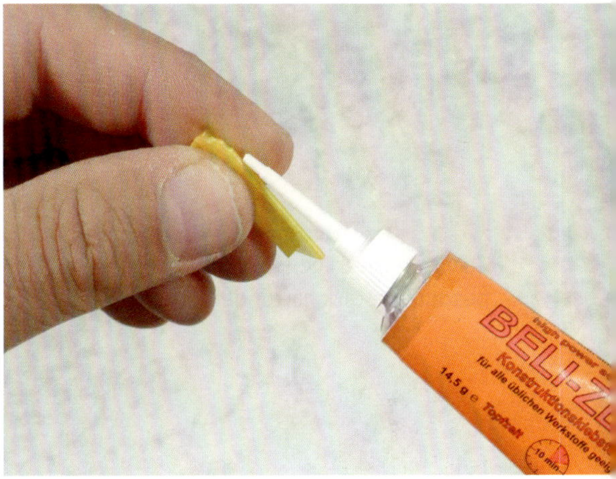

Auftragen des weißen Beli-Zell Konstruktionsklebstoffs auf ein zu klebendes Kunststoffteil

Der weiße Beli-Zell Konstruktionsklebstoff hat nicht nur die Farbe von Leim, er fühlt sich auch so an

67

Zu viel aufgetragener Kleber bleibt als weiße Naht sichtbar. Dafür sorgt der weiße Beli-Zell für besonders stark haftende Verbindungen

Beli-Contact hat eine relativ kurze Ablüftzeit. Es sollte also zügig gearbeitet werden

Beli-Contact-Klebstoff

Der Beli-Contact Kontakt-Klebstoff ist im weiteren Sinne ebenfalls den Universalklebern zuzurechnen. Er unterscheidet sich von ihnen allerdings in der Ablüftzeit von rund 3 Minuten. Das heißt, dass der Klebstoff zuerst auf die beiden Klebstoffseiten aufzutragen ist. Was gar nicht so leicht ist, da der Kleber häufig zähflüssig nach rinnt und lange Kleberfäden zieht.

Nach dem Auftragen muss der Beli-Contakt antrocknen. Erst nach einer bis drei Minuten hat er so seine Klebekraft entwickelt und die Teile können zusammengepresst werden. Verzichtet man darauf, kann sich der Kontaktkleber nur unzureichend entfalten. Was sich an einer eher losen Verbindung der Teile selbst nach Stunden bemerkbar macht. Es braucht nur wenig Kraft, um die geklebten Materialien wieder voneinander zu lösen. Eine wirklich feste Verbindung wird auch nach längerer Aushärtung nicht erreicht. Selbst nach einem Tag lassen sich geklebte Teile bei vertretbarem Kraftaufwand noch voneinander trennen.

So richtig gut gelingt es nicht, kleine Klebstoffmengen auf die Klebestelle aufzutragen. Die Tube ist für größere Bauteile gedacht

Pattex Kraftkleber Classic

Der Pattex Kraftkleber Classic ist zum Kleben aller erdenklicher Werkstoffe, darunter auch Kunststoff, geeignet. Für unseren Tieflader-Modellbausatz scheint der dennoch nicht die rechte Wahl zu sein. Zumindest nicht in der vorliegenden 125-Gramm-Tube.

Die zu verklebenden kleinen Bauteile erfordern nur sehr wenig Klebstoff. Einmal härtet zu viel Kleber schlecht aus und lässt nicht die geforderte Festigkeit erreichen. Die Tube unseres Pattex Kraftkleber Classic hat eine große Öffnung von über 2 mm Durchmesser. Durch sie strömt auch bei sehr vorsichtigem handhaben sehr schnell sehr viel Kleber. Und zwar viel zu viel Kleber. Ehe man es sich versieht, befindet sich auf der Klebestelle meist nur eine überdimensionierte Klebstoffraupe. Im Umfeld der Klebestelle können zusätzlich Klebstoffklekse gelangt sein. Laut Empfehlung soll der Pattex Kraftkleber Classic auf beiden Seiten aufgetragen werden. Dass das in Summe hoffnungslos zu viel sein muss, lässt sich absehen. Nach der empfohlenen Antrockendauer von rund 10 bis 15 Minuten werden die Teile zusammengepresst. Nun gilt es, den seitlich herausquillenden Klebstoff abzuwischen, solange das noch weitgehend rückstandslos funktioniert.

Mit dem Pattex Kraftkleber Classic geklebten Teilen muss man Zeit lassen. Er härtet nur sehr langsam aus. Zwar wird nach vier Stunden bereits eine sehr hohe Festigkeit erreicht. Dennoch wäre es zu diesem Zeitpunkt noch möglich, die Klebestelle mit noch vertretbarem Kraftaufwand zu lösen. Erst nach mehreren Stunden wird eine zuverlässig feste Verbindung erreicht. Dennoch bleibt eine gewisse Restflexibilität der Klebestelle erhalten. Was auch dem letztlich universellen Einsatzgebiet dieses Klebstoffs auch weit außerhalb des Modellbaus geschuldet ist.

Den Pattex Classic Kraftkleber gibt es auch in recht großen Tuben. Wegen ihrer großen Öffnung erlauben sie nicht das Auftragen geringer Klebstoffmengen

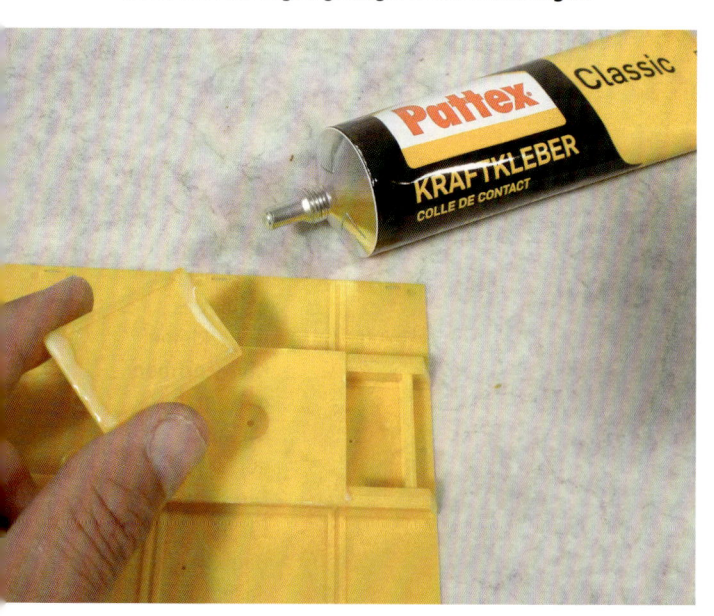

Groß dimensionierte Klebstofftuben sind eher für großflächige Klebungen vorgesehen. Im Modellbau läuft man schnell Gefahr, zu viel Kleber im Arbeitsbereich zu haben

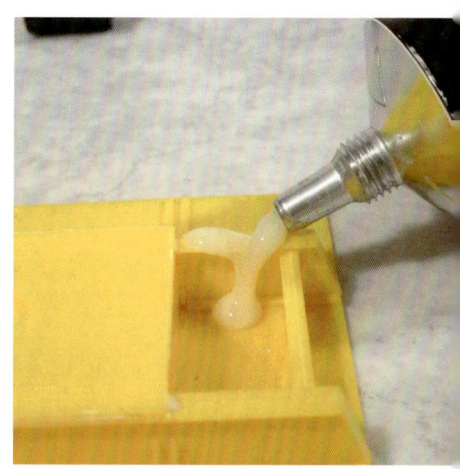

Pattex Kraftkleber transparent

Der Pattex Kraftkleber Transparent hat eine nahe Verwandtschaft zum Classic-Kleber desselben Herstellers. Ihn gibt es in Tuben mit 50 und 125 Gramm Füllmenge. Zumindest die größere Tube eignet sich eher für großflächige Klebungen als für den Einsatz im Modellbau. Denn auch hier erschwert die große Düse das Arbeiten mit nur wenig Kleber. In der Regel strömt viel zu viel Klebstoff auf die Klebefläche. Was vor allem kleine Bauteile im Kleber förmlich ertränken lässt.

Der Transparentkleber benötigt vergleichsweise viel Zeit, um auszuhärten. Nach 10 Minuten sollte man deshalb noch nicht groß an den eben verklebten Teilen rütteln oder deren bereits vorhandene Klebefestigkeit prüfen. Selbst deutlich später läuft man noch Gefahr, den noch austrocknenden Klebstoff zu überdehnen. Womit sich die verbundenen Teile selbst nach Stunden oder Tagen relativ leicht wieder voneinander lösen lassen.

Gute Klebungen erreicht man nur, wenn man der Klebestelle Zeit lässt, bevor sie mechanisch belastet wird. Was nicht heißt, dass man mit den Klebearbeiten nicht fortfahren kann. Gut ausgehärtete Klebestellen weisen eine mit üblichen Kunststoffklebern vergleichbare Stabilität auf.

In der großen 125-Gramm-Tube ist der Pattex Kraftkleber Transparent für viele Modellbau-Klebearbeiten zu groß dimensioniert

Ist zu viel Kleber an eine nicht beabsichtigte Stelle gelangt, lässt er sich nach etwa 10 Minuten Anhärten relativ leicht wieder großteils entfernen

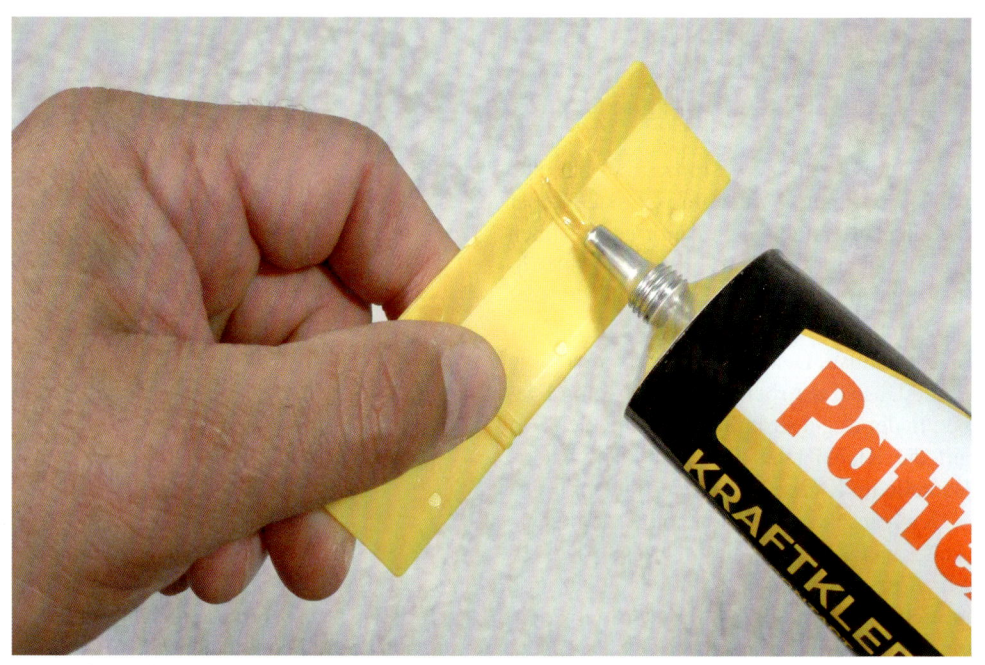

Mit großer Tube gelingt das Auftragen des dünnen, leichtflüssigen Klebers zwar oft, ...

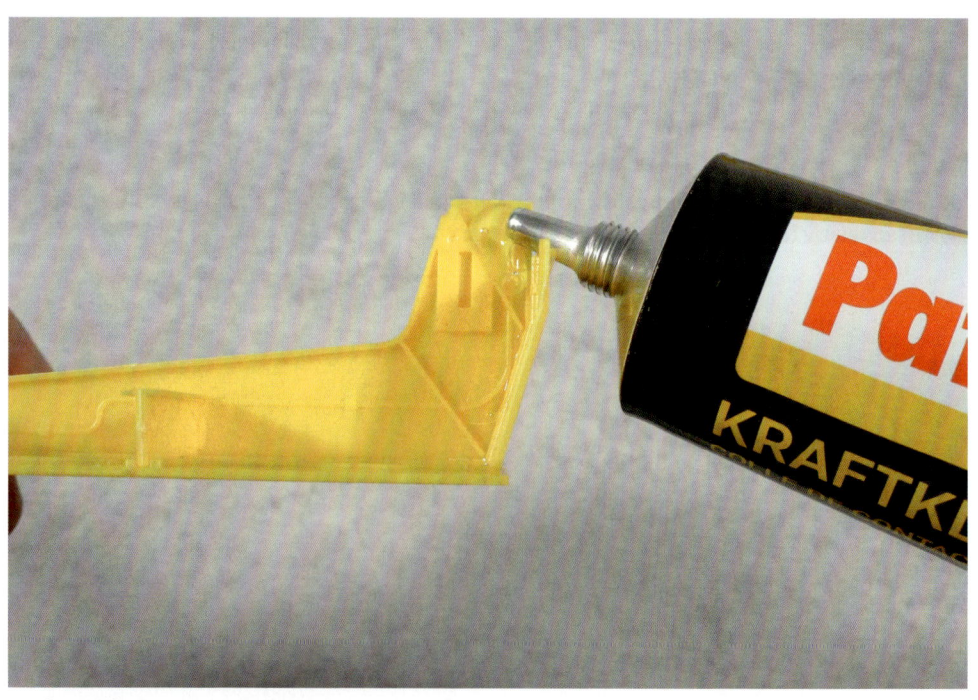

... aber nicht immer im gewünschten Ausmaß

Alleskleber

Zur Gruppe der Alleskleber zählt der Pattex Multi. Ihn gibt es als 20- und 50-Gramm-Tube. Damit ist seine Öffnung an der Spitze klein genug, um den im Modellbau gesetzten Anforderungen gerecht zu werden. Der Klebstoff lässt sich gut und sicher in der gewünschten Menge auf den Klebeteilen auftragen. Was durch seine Tropffestigkeit erleichtert wird.

Nach 10 Minuten beginnt der Pattex Multi allmählich auszuhärten. Die eben verklebten Teile sind zwar noch zueinander bewegbar, haften aber schon gut aneinander. Nach einigen Stunden hat die Klebestelle ihre volle Härte erreicht und die Teile haften gut aneinander. Dennoch bleibt die Klebestelle flexibel und erlaubt das angeklebte Stück etwas zu bewegen, ohne dass die Klebung dabei Schaden nimmt. Damit eignet sich dieser Klebstoff besonders, wenn eine gewisse Flexibilität wegen ständig wechselnder Kräfte gefordert ist. Hier könnten besonders hart austrocknende Klebestellen aufbrechen.

Der Pattex Multi Alleskleber eignet sich besonders für Verbindungen, die nicht ganz starr sein sollen

UHU Por

Auch UHU Por ist der Gruppe der Modellbau-Kleber zuschreiben. Er ist, wie der klassische UHU-Klebstoff dünnflüssig und leicht aus der Tube zu drücken. Dabei gilt es darauf zu achten, nicht zu viel Kleber auf die Arbeitsstelle zu bringen. Was aber keine allzu große Herausforderung darstellt. Da UHU Por zudem farblos ist, wird etwas zu viel Kleber, der seitlich zwischen den zu klebenden Teilen herausquillt, durchaus verziehen. Ihn erkennt man an bereits ausgetrockneten Klebestellen meist erst nach genauem Hinsehen.

Laut Gebrauchsanleitung ist UHU Por beidseitig aufzutragen. Anschließend lässt man ihn für rund 10 Minuten ablüften, bis er berührungstrocken ist. Nun genügt es, die zu klebenden Teile kurz kräftig zusammenzupressen. Eine Korrektur der geklebten Bauteile ohne Zerstörung der Kleber-Struktur ist dann nicht mehr möglich.

Etwas mehr Arbeitsflexibilität erlaubt UHU Por, wenn man ihn nicht ganz nach Vorschrift benutzt. Was nicht einmal absichtlich geschehen muss, wenn man laufend mit verschiedenen Klebern arbeitet. Die einen wollen nur einseitig, die anderen beidseitig aufgetragen werden. Mal sind die zu klebenden Teile sofort, dann erst nach einer Ablüftzeit zusammenzupressen. UHU Por verzeiht auch falsche Anwendungen. Wird der Kleber etwa nur an einer Seite aufgebracht und die zu klebenden Teile unmittelbar danach zusammengepresst, darf man ebenfalls auf eine sehr gute Klebung vertrauen. Zu dem Zeitpunkt ist der Kleber jedoch noch dünnflüssig und hat noch kaum Haftkraft entwickelt. Das mag sogar von Vorteil sein, da sich die zu klebenden Teile auch nach dem ersten Zusammenpressen noch weiter ausrichten und wieder leicht lösen lassen. Auch ein anschließendes neues Zusammenfügen ist noch möglich. Bei sofortiger Klebung ist jedoch ein längerfristiges beschweren der geklebten Teile vonnöten. Ist UHU Por gut ausgehärtet, sorgt er für eine solide, feste Verbindung.

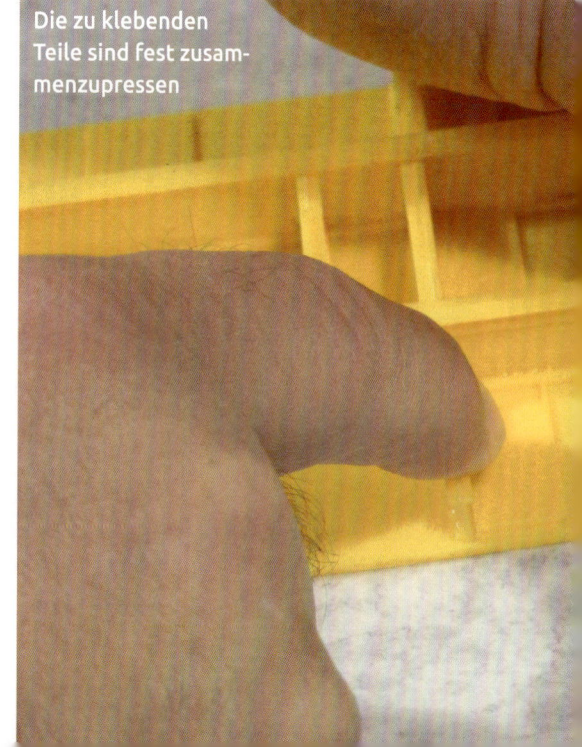

UHU por ist sehr dünnflüssig. Deshalb gilt es darauf zu achten, nicht zu viel Kleber auf die Klebestelle zu bringen

Die zu klebenden Teile sind fest zusammenzupressen

UHU allplast ist im Modellbau ein Universalkleber für Kunststoffe

UHU allplast

Auch UHU allplast ist ein dünnflüssiger Klebstoff, der sehr leicht aus der Tube quellen kann. Womit es eine Herausforderung sein kann, nicht zu viel Kleber auf die Arbeitsstelle aufzubringen. UHU allplast trocknet sehr schnell aus und sorgt bereits nach wenigen Minuten für eine äußerst feste Verbindung. Verklebungen in dieser Festigkeit erreichen andere Kunststoff-Kleber selbst nach Stunden nicht. Damit bietet sich UHU allplast überall dort an, wo schnell sehr gut haftende Verbindungen geschaffen werden sollen. Aufgrund des Kaltverschweißungseffekts fehlt solchen Verklebungen allerdings manchmal durchaus geforderte Flexibilität.

Sekundenkleber

Sekundenkleber sollen für eine sehr schnelle und feste Verbindung sorgen. Damit empfehlen sie sich neben schnellen Reparaturen im Modellbau vor allem für schwierig zu klebende Teile. Etwa, wenn diese schwer zugänglich und folglich auch kaum zu fixieren sind oder auch für das Verkleben von Kunststoffen mit anderen Materialien. Der Sekundenkleber Typ SF5 von R&G kommt dieser Aufgabe voll und ganz nach.

Damit Sekundenkleber nicht vorzeitig austrocknen, werden sie ab Werk in luftdicht verschlossenen Flaschen ausgeliefert. Vor dem ersten Gebrauch ist deshalb der vordere Teil der Flaschenspitze mit einer Schere, Zange oder einem scharfen Messer aufzuschneiden. Dabei hat man es selbst in der Hand, eine sehr kleine oder größere Öffnung zu schaffen. Womit man selbst bestimmt, wie schnell man wie viel Kleber aus der Flasche bringt.

Beim Umgang mit Sekundenkleber hat sorgsamer Umgang höchste Priorität. Er ist sehr dünnflüssig und quillt bei noch voller Flasche schneller aus ihr, als einem lieb ist. Deshalb ist unbedingt für eine ausreichend große Arbeitsunterlage zu sorgen. Sie verhindert, dass keine Tropfen direkt auf die Tischplatte gelangen.

Trotz kleiner Öffnung ist es nicht unbedingt einfach, nicht zu viel Kleber auf das zu klebende Bauteil zu bekommen. Was auch der besonders dünnflüssigen Konsistenz geschuldet ist. Nach dem Zusammensetzen der beiden zu klebenden Teile sind diese kurz zusammenzudrücken. Gefühlte 5 bis 10 Sekunden reichen. Währenddessen meint man förmlich zu spüren, wie die Haftkraft des Sekundenklebers zunimmt. Womit auch nur noch wenig Zeit bleibt, ein vermeintlich falsch angeklebtes Teil noch zu lösen. Bereits nach 10 Minuten ist eine sehr hohe Haftkraft erreicht, die es kaum noch erlaubt, die zusammengefügten Komponenten zu bewegen. Nach einigen Stunden Aushärtezeit ist die volle Festigkeit erreicht. Man kann sie kurz mit felsenfest beschreiben. Andere Klebstoffe, die für Bausätze üblicherweise eingesetzt werden, kommen zum Teil nicht annähernd diesem Festigkeitsgrad nahe. Keine Frage, dass es sich bei den mit dem Sekundenkleber Typ SF5 von R&G geklebten Teilen um unlösbare Verbindungen handelt.

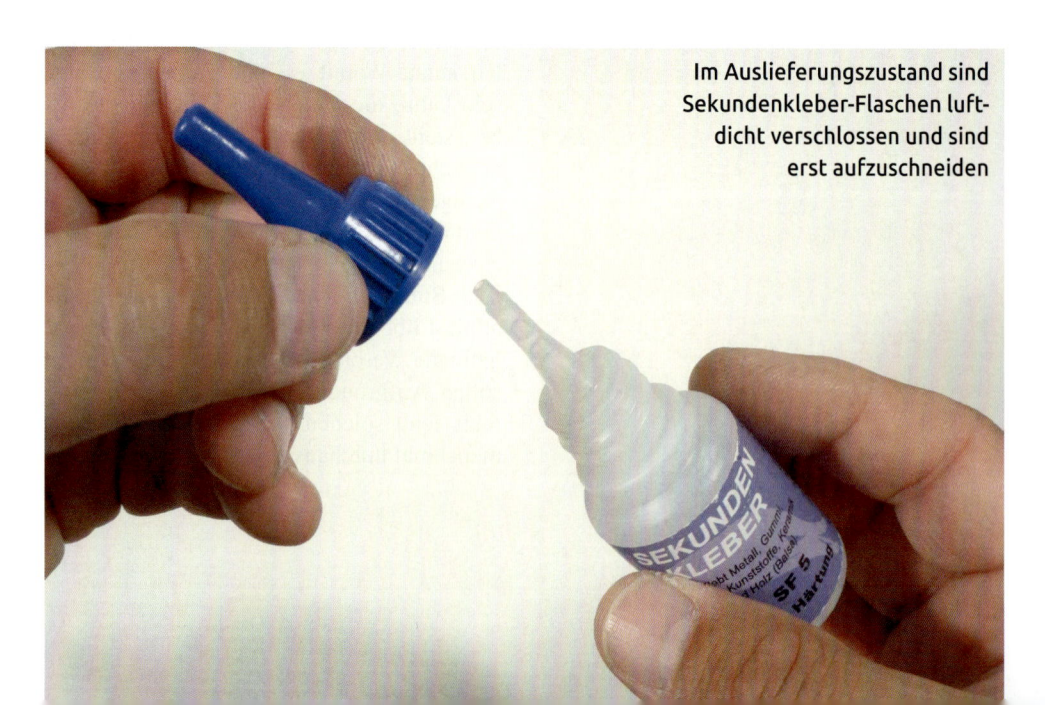

Im Auslieferungszustand sind Sekundenkleber-Flaschen luftdicht verschlossen und sind erst aufzuschneiden

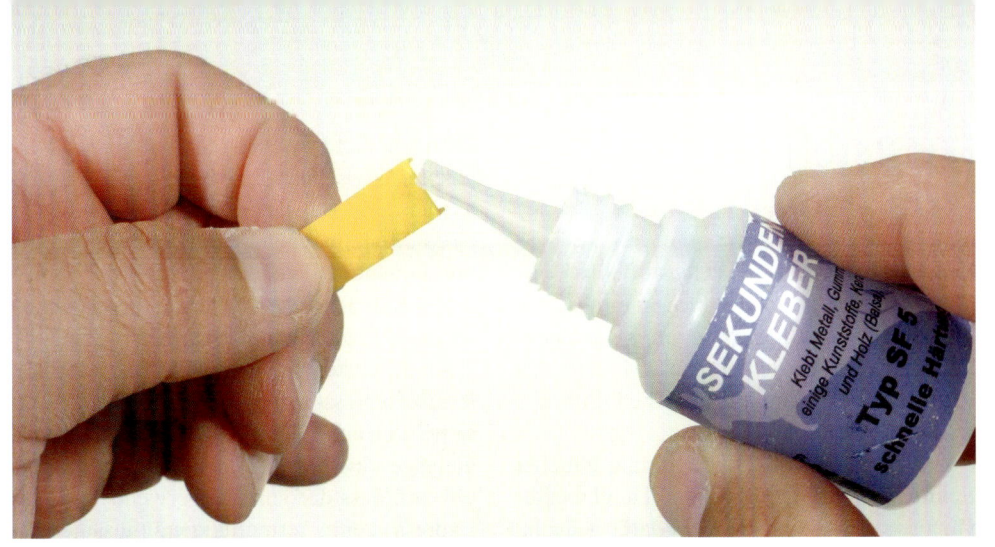

Sekundenkleber ist sehr dünnflüssig und erfordert deshalb beim Auftragen besonders sorgsames Arbeiten

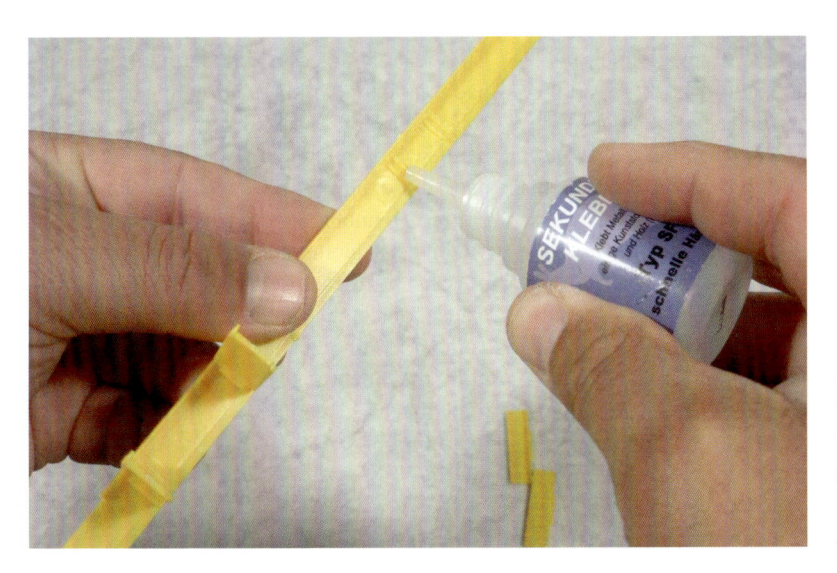

Da Sekundenkleber leicht tropft, ist eine Arbeitsunterlage zum Schutz der Tischplatte dringend angebracht

Wenige Sekunden Zusammendrücken reicht aus. Binnen kürzester Zeit wird eine hohe Anfangsfestigkeit erreicht

Kunststoff mit Leim kleben

Leim ist der klassische Klebstoff für Holz. Man wird kaum auf die Idee kommen, mit ihm auch Kunststoffe, etwa zum Zusammenbauen oder Reparieren eines Modells, zu verwenden. Dennoch habe ich die Probe aufs Exempel gemacht.

Zunächst fällt die große Öffnung üblicher Leimflaschen auf. Mit ihrem Durchmesser von etwa 2 mm sind sie nicht dafür gedacht, geringe Klebstoffmengen auf kleine Arbeitsflächen aufbringen zu können. Damit kann man davon ausgehen, dass auf typischen Modellbau-Klebestellen zu viel Leim aufgetragen wird. Da dieser anfangs jedoch noch dünnflüssig ist und kaum Haftkraft entwickelt, lässt sich überschüssiger Kleber leicht mit einem dünnen Gegenstand, wie etwa einem Zahnstocher oder kleinen Schraubendreher, entfernen. Es bietet sich auch an, gleich die gewünschte Leimmenge mit einem dieser Hilfsmittel aufzutragen.

Leim trocknet sehr langsam aus. Deshalb muss man ihm Zeit geben. Nach etwa einer halben Stunde bemerkt man, dass sich zwischen den zusammenzuklebenden Teilen tatsächlich eine Haftkraft ausgebildet hat. Sie ist jedoch äußerst gering, womit sich die Teile leicht wieder lösen lassen. Dabei erkennt man, dass der Leim in etwa noch genauso dünnflüssig ist, wie beim Auftragen. Also gilt es, die zu verklebenden Teile weiter zu fixieren und zu warten. Nach vier Stunden ist, eher unerwartet, bereits eine Festigkeit erreicht, die den Vergleich mit manch anderen Universalklebern nicht zu scheuen braucht. Wenn es etwa darum geht, Modellbahn-Häuschen zusammenzukleben, mag Classic Leim diese Aufgabe durchaus erfüllen. Wobei Modellhäuschen und Ähnliches keinen mechanischen Beanspruchungen ausgesetzt sind. Praxisgerecht ist das Kleben von Kunststoff mit klassischem Holzleim dennoch nicht. Wegen der extremen Wartezeiten zwischen zwei Klebungen bräuchte man zum Beispiel zum Zusammenbauen eines Modellbahnhäuschens ohne Übertreibung mehrere Tage. Mit einem dafür geeigneten Kunststoffkleber ist die Arbeit indes locker in einer Stunde bewerkstelligt.

Als Nächstes versuche ich, Kunststoffteile mit Express-Leim zu kleben. Er zeichnet sich durch eine deutlich schnellere Austrocknungsgeschwindigkeit aus. Zunächst fällt mir auf, dass der von uns verwendete Ponal Express Leim geringfügig zähflüssiger zu sein scheint, als der Classic Leim aus demselben Hause. Das wirkt sich insofern positiv aus, da man so leichter nur die gewünschte Menge Kleber auf die Arbeitsstelle bringt. Zu viel Leim lässt sich damit, zumindest nach meinem Gefühl, eher vermeiden.

Bereits beim Zusammenpressen der zu klebenden Komponenten habe ich das Gefühl, dass diese bereits etwas besser aneinander haften. Dennoch ist zunächst einmal das Fixieren der Klebung und warten angesagt. Express ist bei dieser Leimart nicht übertrieben. Nach nur einer Stunde haben die geklebten Teile eine hohe Festigkeit erreicht, die ebenfalls mit mehreren Kunststoffklebern vergleichbar ist. Dennoch ist auch Expressleim letztlich beim Kleben von Kunststoffen fehl am Platz.

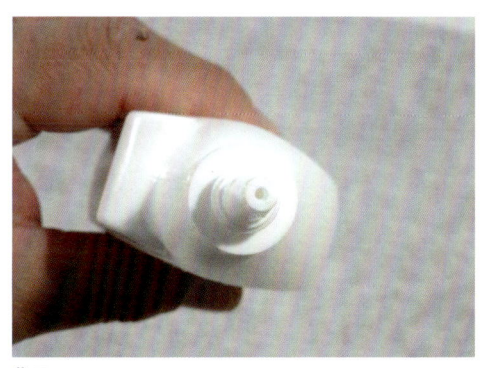

Öffnungen von rund 2 mm Durchmesser sind gefragt, wenn man größere Mengen an Leim aus der Flasche pressen möchte. Für filigrane Modellbauarbeiten kommt jedenfalls zu viel Kleber raus

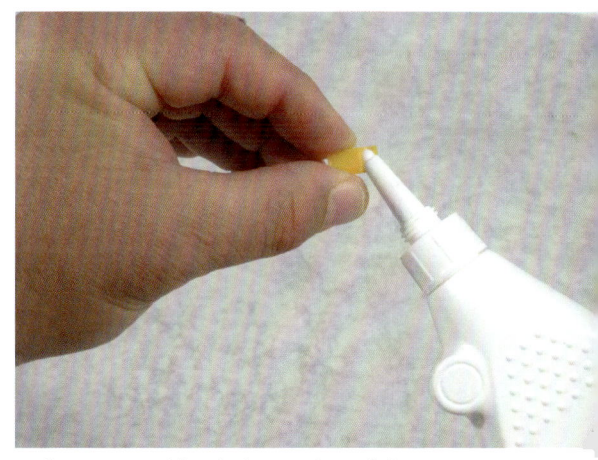

Auftragen von klassischem Leim auf das zu klebende Kunststoffteil

Um zu vermeiden, dass zu viel Leim auf die Arbeitsstelle gelangt, ...

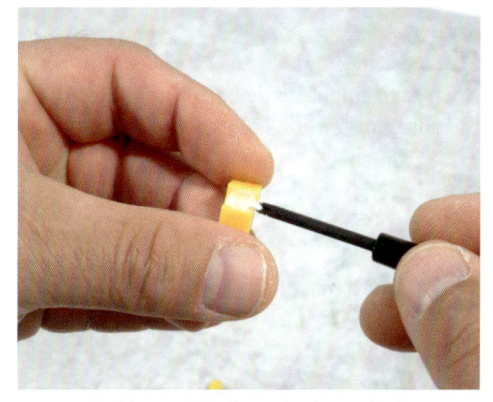

... empfiehlt es sich, ihn mit einem kleinen Stäbchen, wie einen Zahnstocher oder kleinen Schraubendreher aufzutragen

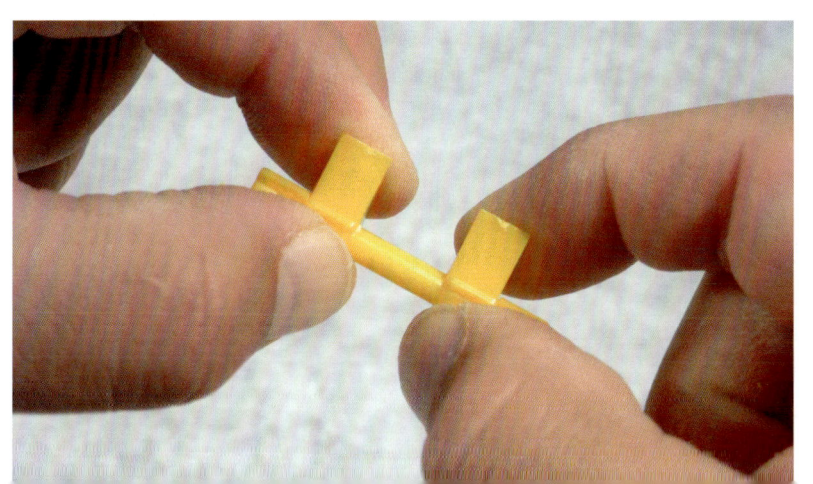

Mit etwas zusammenpressen ist es nicht getan. Klassischer Leim trocknet sehr langsam aus

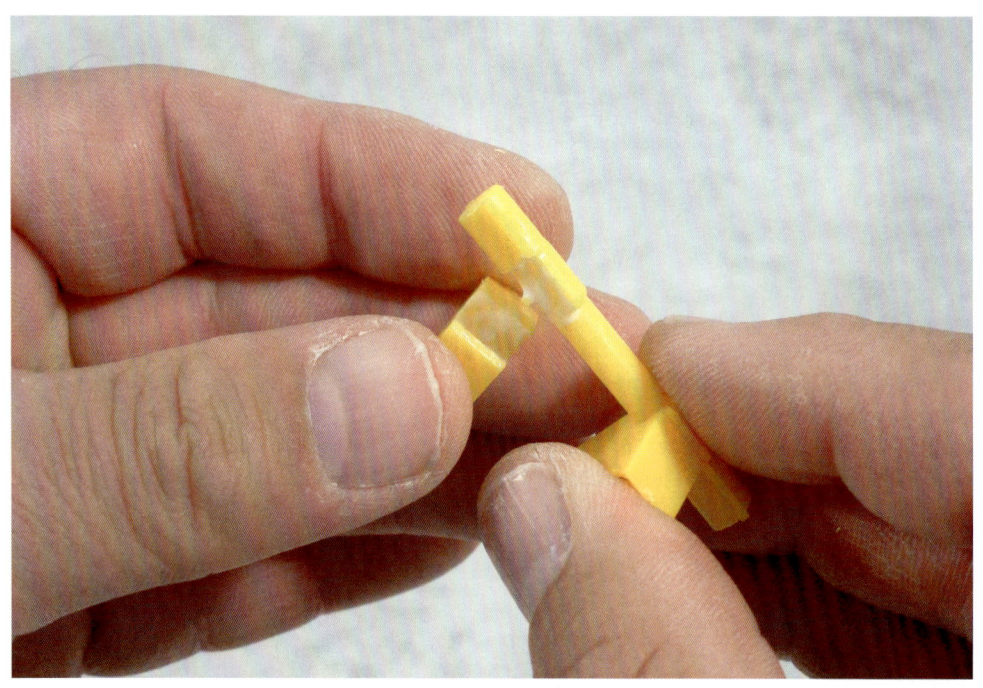

Noch nach einer Stunde haftet normaler Leim noch so gut wie nicht und lässt zusammengeklebte Teile ganz leicht wieder lösen

Der getestete Express-Leim lässt sich leichter in geringen Mengen auftragen. Er klebt auch Kunststoff überraschend schnell und zuverlässig

Reaktion auf Schaumstoff

Im Praxistest habe ich selbstverständlich auch versucht, wie die einzelnen Kleber mit Schaumstoff zurechtkommen. Daraus lässt sich schließlich ablesen, ob und in welchem Umfang sie sich für Klebungen von Schaumstoff oder etwa Reparaturen an Schaumstoff-Flugmodellen eignen.

Kommen typische Universal-Kleber mit Schaumstoff in Berührung, reagieren sie mitunter unerwartet heftig.

Nachdem nicht bei allen RC-Modellen die Schaumstoffart genau auf der Verpackung oder dem Handbuch angeführt ist, habe ich die Klebstoffe zuerst an einem typischen Schaumstoff-Verpackungsteil ausprobiert. Die Versuche zeigen, dass Klebstoffe generell mit Bedacht zu verwenden sind. Einen für alles gibt es kaum. Auch wenn es verlockend ist, im Schadensfall mal schnell den Kleber zu verwenden, den man gerade greifbar hat, ist die Gefahr doch groß, gerade durch dieses sorglose Vorgehen noch mehr Schaden anzurichten.

Revell Contacta Liquid

Auf ihm genügt zum Beispiel bereits ein Tropfen des Revell Contacta Liquid, um innerhalb einer Minute eine Vertiefung von über 5 mm zu erzeugen. Währenddessen kann man zusehen, wie sich der Schaumstoff zersetzt. Dass man mit einem solchen Kleber keine gebrochene Tragfläche kleben kann, liegt auf der Hand. Man muss aber auch eingestehen, dass der Revell Contacta Liquid nicht zum Kleben von Schaumstoffen vorgesehen ist.

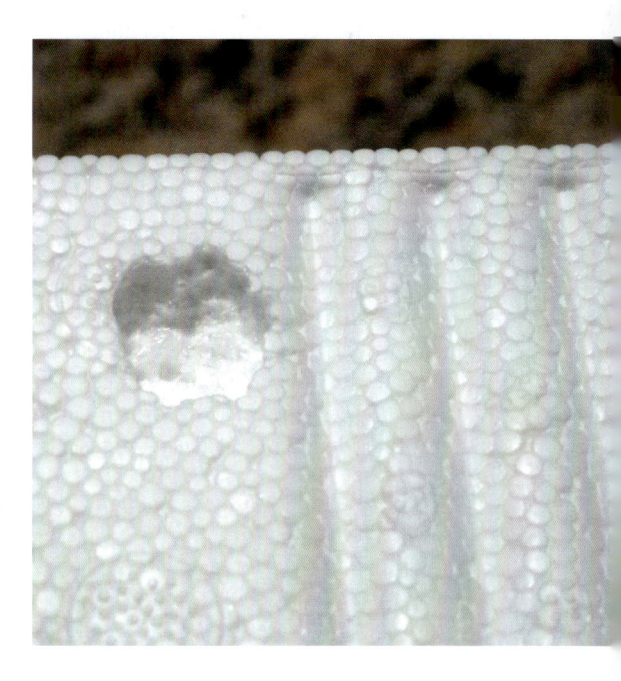

Bereits nach rund einer Minute hat der Revell Contacta Liquid eine über 5 mm tiefe Mulde in den Schaumstoff gebrannt

Revell Contacta Professional

Auch der Contacta Professional von Revell greift Schaumstoff an. Allerdings in deutlich geringerem Ausmaß, als dies viele andere Klebstoffe tun. Dabei ist es aber ziemlich egal, ob der Kleber als Tropfen oder nur als dünner Faden mit Schaumstoff in Berührung kommt. In beiden Fällen zersetzt er Schaumstoff bis zu einer Tiefe von etwa 2 bis 3 mm.

UHU Por

Kommt UHU Por mit Schaumstoff in Berührung, schädigt er diesen nicht. Der Kleber ist für alle gebräuchlichen Hartschäume, wie Styropor, geeignet. Wird ein Tropfen auf Schaumstoff aufgetragen, trocknet er hier aus. Seine Oberfläche fühlt sich jedoch auch noch nach über 12 Stunden klebrig an.

UHU Allplast

UHU Allplast ist ein weiterer Modellbau-Kleber, der jedoch nicht für Schaumstoffe geeignet ist. Trägt man einen Tropfen auf, reagiert er überaus heftig und kann eine 10-mm-Schaumstoffplatte binnen weniger Minuten förmlich durchbohren.

Konstruktionskleber

Der Beli-Zell Konstruktionskleber gibt es in zwei Ausführungen. Beide zeigen sich Schaumstoffen wohlgesonnen und zersetzen ihn auch nach Stunden nicht. Der auf den Schaumstoff aufgetragene Klebstoff härtet in Form eines darauf haftenden Tropfens aus.

Kraftkleber

Der Pattex Kraftkleber Classic ist nicht für Schaumstoffe und Weich-PVC geeignet. Dennoch gilt es auch seine Reaktion mit diesen Stoffen zu ergründen. Sie fällt überaus intensiv aus. Bereits nach rund 10 Minuten hat sich der Probe-Klebertropfen durch unsere rund 10 mm dicke Schaumstoffplatte gefressen. Lediglich eine ganz dünne Schicht ist erhalten geblieben. Damit haben sich die Herstellerangaben auf beeindruckende Weise bestätigt. Sie mahnen uns einmal mehr, Klebstoffe nicht abseits der empfohlenen Verwendung einzusetzen.

Ein Tropfen des Pattex Kraftkleber Classic zersetzt Schaumstoff binnen 10 Minuten bis zu einer Tiefe von etwa 10 mm

Alleskleber

Kommt der Pattex Multi Alleskleber mit Schaumstoff in Berührung, schädigt er diesen nicht. Der aufgetragene Kleber bleibt als Tropfen auf der Oberfläche und trocknet hier aus.

Sekundenkleber

Sekundenkleber gelten allgemein als sehr heftig reagierende Klebstoffe. Was sie ja auch anhand ihrer sehr schnellen Aushärtung unter Beweis stellen. Diese Sparte von Klebstoffen steht grundsätzlich auf Kriegsfuß mit Schaumstoffen. Was aber nicht heißt, dass jeder Sekundenkleber Schaumstoffe bis zur Unkenntlichkeit zersetzt. Tatsächlich gibt es hier deutliche Unterschiede zwischen den einzelnen Sekunden- und Superklebern.

Der Sekundenkleber SF5 von R&G geht mit Schaumstoff vergleichsweise behutsam um. Trägt man von ihm einen Tropfen auf, raut der nur die Oberfläche etwas auf und sorgt für eine leichte Zersetzung bis zu einer Tiefe von rund 1 mm.

Leim

Leim ist nicht das klassische Medium, mit dem man Schaumstoffe zu kleben gedenkt. Dennoch haben ich auch die Reaktion mehrerer Leimsorten, konkret die Typen Ponal Classic, Express und Wasserfest, auf Schaumstoff getestet. Alle drei Leimsorten bilden auf Schaumstoff nur kleine Häubchen, wo sie allmählich austrocknen, ohne den Schaumstoff anzugreifen.

Nicht zwingend Zerstörung

Ist ein Kunststoffkleber nicht für Schaumstoffe geeignet, heißt das nicht zwangsläufig, dass diese von ihm mehr oder weniger stark zersetzt werden. Darunter kann auch verstanden werden, dass verschiedene Schaumstoffe einfach nicht oder kaum geklebt werden. Als Beispiel dafür habe ich den Alleskleber Pattex Multi herangezogen, der laut Beschriftung nicht für verschiedene Schaumstoffe geeignet ist. Mit ihm habe ich versucht, zwei Schaumstoffteile zusammenzukleben. Wider Erwarten hat er deren Oberfläche tatsächlich nicht angegriffen. Nach 12 Stunden Aushärtezeit schienen beide Teile wirklich fest verklebt worden zu sein. Es bedurfte jedoch einer nur sehr geringen Kraftaufwendung, um an der Klebestelle wieder einen Spalt entstehen zu lassen und beide Teile wieder voneinander zu lösen. Dabei stellten ich fest, dass der Kleber im Inneren immer noch etwa den gleichen Feuchtigkeitsgrad aufwies, wie frisch aus der Tube gepresst.

Zum Test klebe ich zwei Schaumstoffplatten mit einem offensichtlich nicht dafür geeigneten Kleber zusammen

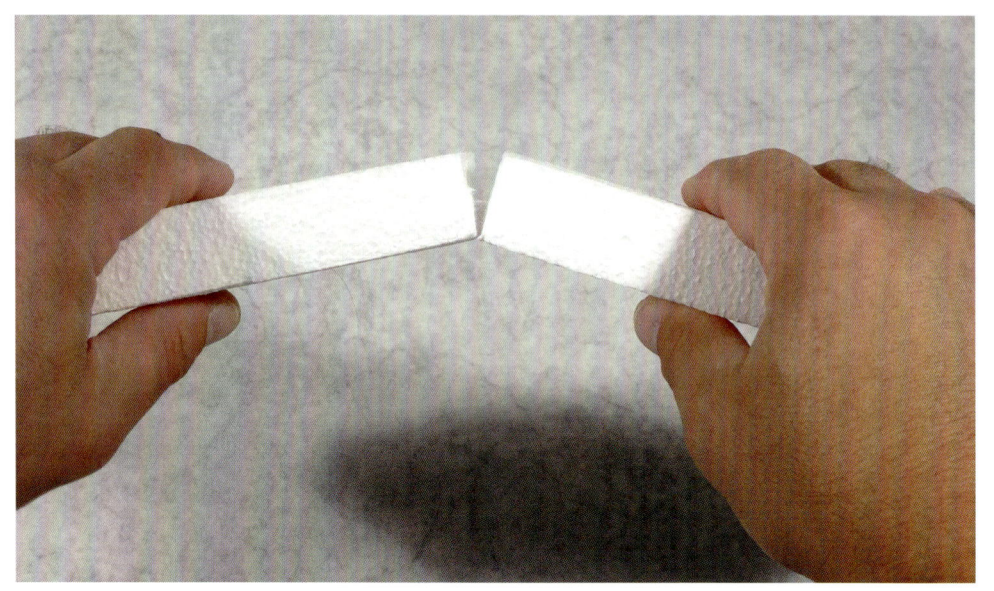

Nach 12 Stunden Aushärtezeit ließen sich beide Teile wieder leicht voneinander trennen

Der Kleber im Inneren der Klebestelle war zudem noch etwa so feucht, wie frisch aus der Tube gepresst

Kleben von Schaumstoff

Schaumstoffe erfüllen viele Anforderungen, die vor allem im RC-Modellflug gefordert werden. Sie sind leicht, robust und dennoch meist flexibel. Diesen Eigenschaften haben Schaumstoffe zu verdanken, dass sie häufig als Werkstoffe für Flugmodelle zum Einsatz kommen. Viele dieser Modelle müssen vor ihrem ersten Einsatz erst zusammengebaut werden. Wobei Klebstoff eine tragende Rolle spielt. Für unsere Klebetests habe ich ein simples Flugmodell aus EPP ausgesucht. EPP steht für expandiertes Polypropylen. Da es zu mehr als 90% aus Luft besteht, zählt dieses Material zu den unangefochtenen Leichtgewichten.

Schaumstoffe sind anspruchsvolle Materialien, die längst nicht jeder Kleber verträgt. Klebstoffe müssen eine Eignung für Schaumstoffe aufweisen. Ansonsten läuft man Gefahr, dass ein nicht geeigneter Kleber die zu verbindenden Schaumstoffe soweit zersetzt, dass sich das Modell wegen irreparabler Schäden an den Einzelteilen erst gar nicht zusammenbauen lässt. Um dies zu vermeiden, ist eine eingehende Prüfung des beabsichtigten Klebstoffs auf dessen Schaumstoff-Tauglichkeit unumgänglich. Finden sich auf der Tube oder der Verpackung keine entsprechenden Hinweise, sollte man auf den Homepages der Kleber-Hersteller recherchieren. Wird man auch dort nicht fündig, bleibt nur, den Kleber am Modell an einer kleinen, unwichtigen Stelle auszuprobieren. Bereits ein kleiner Tropfen genügt, um festzustellen, ob ein Kleber für Schaumstoff geeignet ist oder diesen mehr oder weniger stark zersetzt.

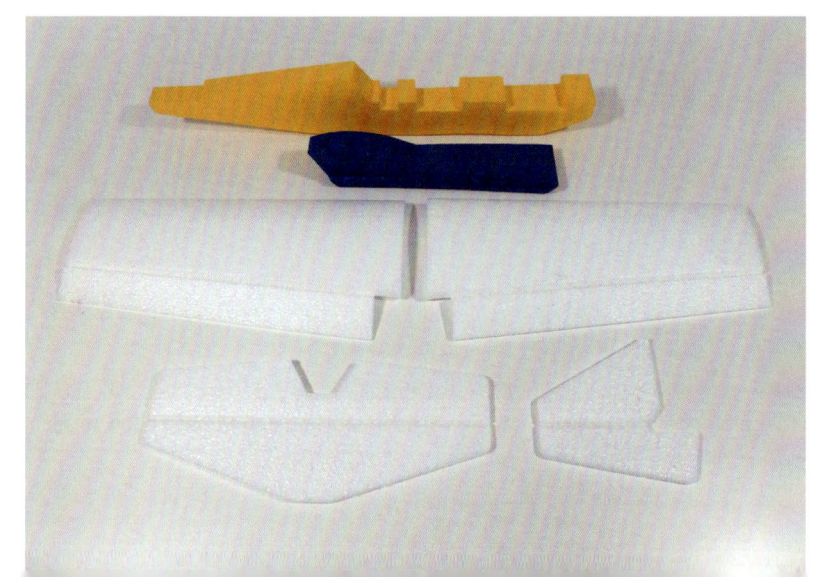

Im RC-Modellflug erfreuen sich Flugzeuge aus Schaumstoff großer Beliebtheit

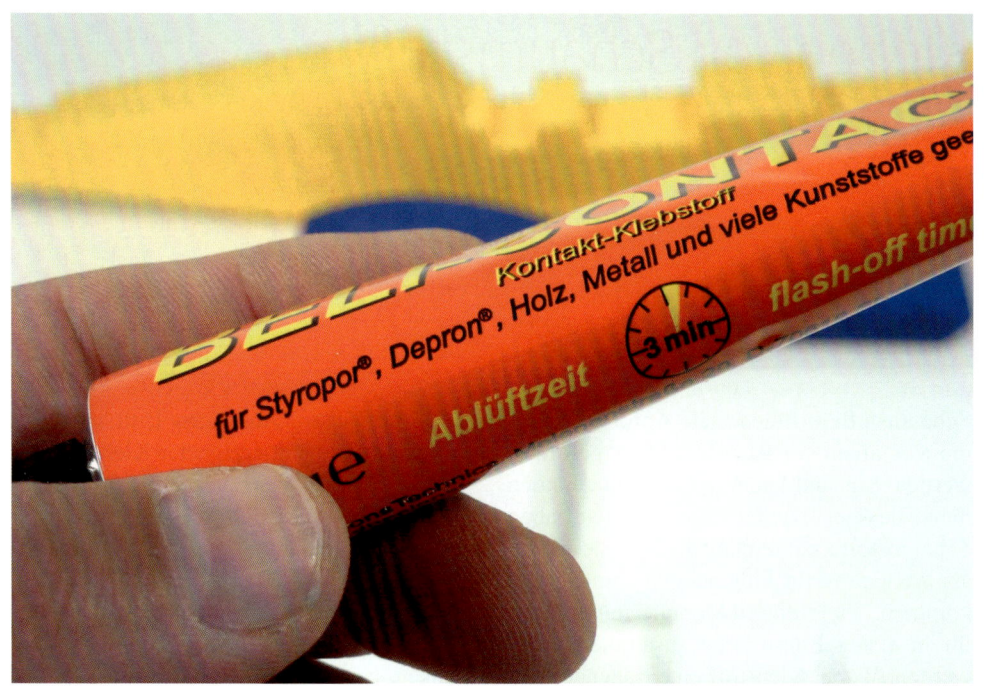

Für selbst zusammenzubauende Schaumstoff-Modelle ist ein dafür geeigneter Kleber erforderlich. Vor der ersten Klebung ist deshalb unbedingt die Eignung des Klebers nachzulesen

Würde man diesen Kleber verwenden, würde man den Schaumstoff an den Klebestellen vernichten

Kleben mit Kontaktklebstoff

Als Erstes muss sich der Beli-Contact von Adhesions Technics bewähren. Auf der Tube ist die Eignung für Styropor, Depron und so weiter explizit angeführt. Mit ihm klebe ich die beiden Tragflächenhälften des Modells zusammen. Dazu sind zuerst die Mittelstege beider Tragflächen mit Klebstoff zu bestreichen. Nachdem der Beli-Contact etwas zäh fließt und zu Kettenbildung neigt, lässt er sich großflächig nicht ganz so leicht auftragen, wie erhofft. Gleichzeitig besteht die Gefahr, zu viel Kleber aufzutragen.

Der Beli-Contact erfordert eine mehrminütige Aushärtezeit, bevor die beiden Tragflächenhälften passgenau zusammengefügt werden können. Erst danach sind die beiden Teile zusammenzupressen und während der Aushärtezeit zu fixieren.

Eventuell herausquellender überschüssiger Kleber lässt sich im feuchten Zustand wegen seiner Zähflüssigkeit nur schwer entfernen. Er bleibt vor allem an den Fingern kleben. Er lässt sich aber leicht mit warmem Wasser abreiben. Gleiches gilt auch für überschüssige Kleberreste. Dazu sollte man ihn jedoch zuvor an die zwei Stunden aushärten lassen. Ein kleiner Rest wird jedoch erhalten bleiben.

Nach rund zwei Stunden probiere ich auch aus, wie gut die Klebung hält. Dazu nehme ich die geklebten Tragflächen in die Hände und biege sie nach unten. Dabei verhalten sich beide Teile so, als wären sie ein einziges Stück. Womit die Qualität der Klebung als sehr gut bewertet werden kann.

Der Beli-Contact ist ziemlich zähflüssig, was etwas Übung für das gleichmäßige auftragen des Klebstoffs erfordert

Nachdem auf beide Seiten Klebstoff aufgetragen wurde, muss er zunächst einige Minuten ablüften

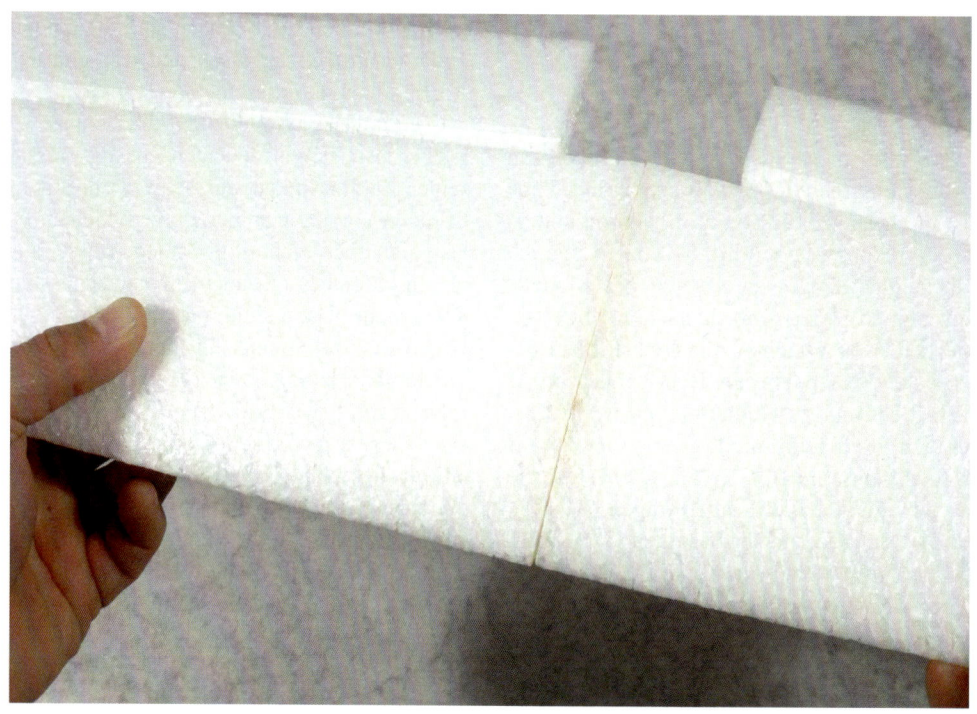

Erst danach sind die beiden Teile zusammenzupressen

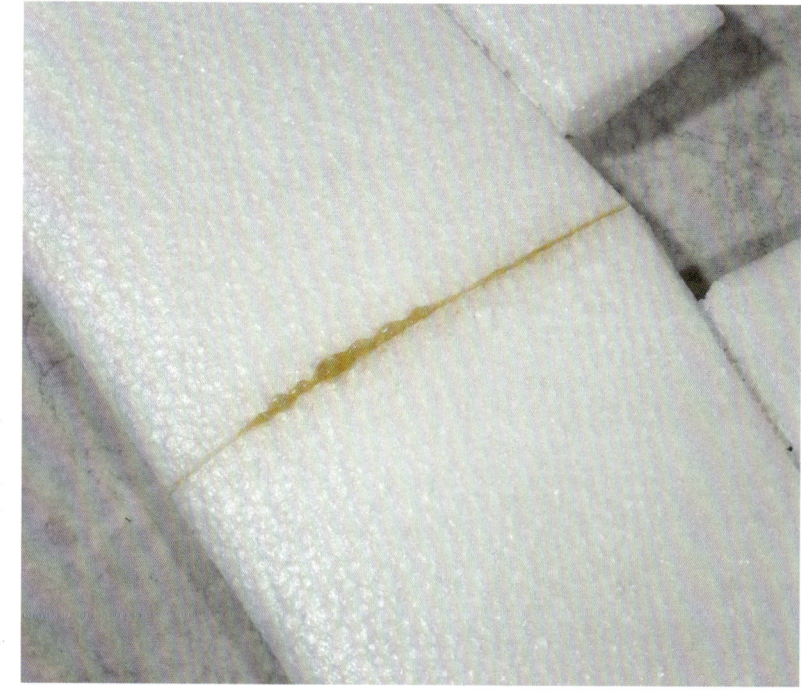

Nach dem Zusammenpressen eventuell herausgequollener Klebstoff lässt sich im feuchten Zustand nur schwer entfernen

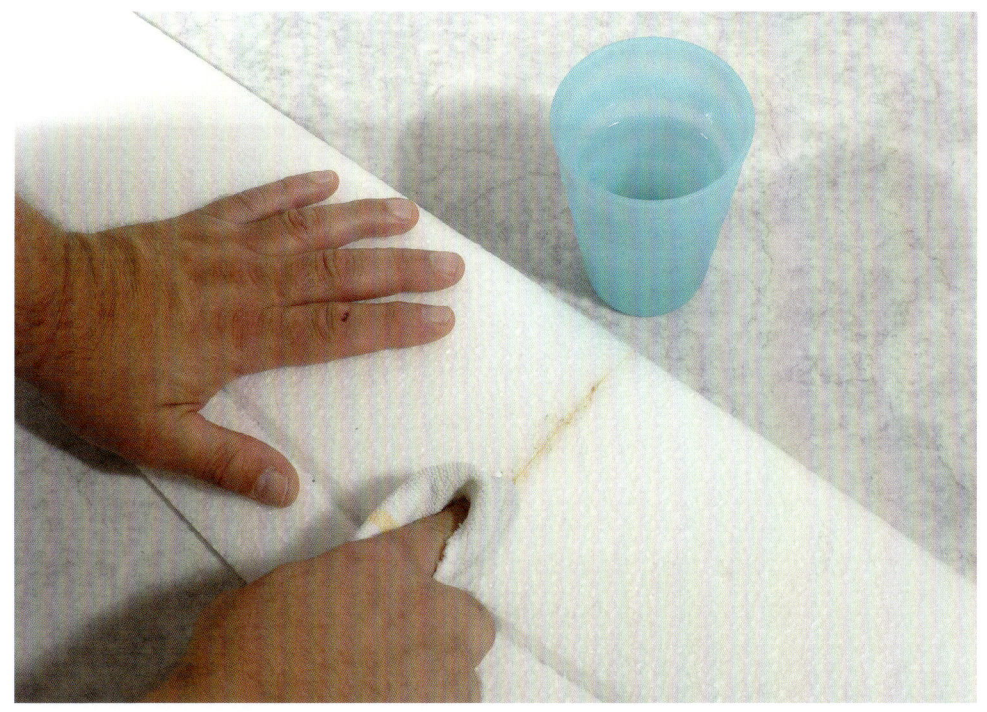

Auch von den Tragflächen lässt sich überschüssiger Kleber leicht mit warmem Wasser entfernen

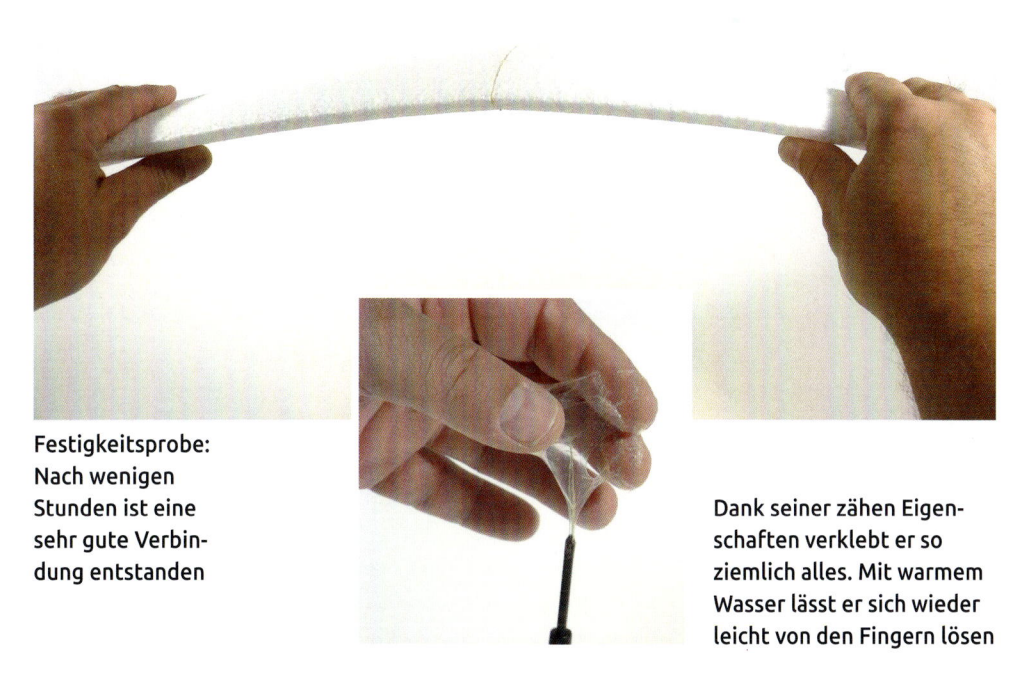

Festigkeitsprobe: Nach wenigen Stunden ist eine sehr gute Verbindung entstanden

Dank seiner zähen Eigenschaften verklebt er so ziemlich alles. Mit warmem Wasser lässt er sich wieder leicht von den Fingern lösen

Arbeiten mit Zweikomponentenkleber

Einmal angemischt fordert ein Zweikomponentenkleber eine schnelle Verarbeitung. Da dieser sofort auszuhärten beginnt, bleibt oft nur eine Verarbeitungszeit von etwa 10 Minuten. Um nicht unnötig angemischten, aber nicht verbrauchten Kleber entsorgen zu müssen, steht eine gründliche Arbeitsvorbereitung an vorderster Stelle.

Vor Klebebeginn ist sicherzustellen, dass alle zu verklebenden Teile griffbereit und für die Verklebung vorbereitet sind. Wozu vor allem die Passgenauigkeit beider Teile zu prüfen ist. Weiter müssen die zu verklebenden Flächen gereinigt sein. Alle Hilfsmittel zum Fixieren der frisch verklebten Teile sind griffbereit vorzubereiten. Zuletzt gilt es, alle Arbeitsschritte noch einmal gedanklich Revue passieren zu lassen. Auch das hilft, unvorhergesehene Hindernisse auszuschließen.

Erst, wenn alle diese Vorbereitungen erledigt sind, kann man daran gehen, den Zweikomponentenkleber in der benötigten Menge anzumischen.

Zweikomponentenkleber-Spritzen

Zweikomponentenkleber-Spritzen werden von mehreren Herstellern angeboten. Sie besitzen zwei Behälter in denen der Kleber und Härter voneinander getrennt sind. Sie sind getrennt und luftdicht verschlossen, sodass keine vorzeitige Reaktion auftreten kann. Beim 5 Min. Epoxy von R&G ist zunächst eine Kappe abzudrehen. Damit werden auch die beiden Kanäle zum Kleber und Härter frei. An die nun geschaffene Öffnung ist eine Kanüle aufzustecken und in die Arretierung am Spritzenzylinder einzurasten. Die Kanüle besteht aus zwei Kanälen in denen Harz und Härter gründlich vermischt werden und an der Spitze verarbeitungsfertig austreten. Mit Drücken auf den Kolben gelangen beide Komponenten in die Kanüle. Ihre 1 mm große Öffnung erlaubt ein dosiertes Auftragen des Klebstoffs.

Das Hantieren mit der Zweikomponentenspritze will aber geübt sein. Meist ist uns die Handhabung einer Spritze nur durch das Zusehen während einer Impfung vertraut. Dabei bedient sie der Arzt geschickt mit einer Hand. Der Unterschied zur medizinischen Spritze ist jedoch die Größe. Mit zwei nebeneinander angeordneten Zylindern ist die Zweikomponentenspritze zunächst unerwartet breit. Weiter wird man feststellen, dass sich der Kolben mitunter nicht so leicht bedienen lässt, als vermutet. Womit man beim ersten Arbeiten mit einer Zweikomponentenkleber-Spritze in der Praxis von deren Handhabung überrascht sein kann. Und das kostet wertvolle Sekunden! Nach dem Öffnen des 5 Min. Epoxy von R&G bleiben, wie schon der Name verrät, gerade einmal 5 Minuten, ehe der Kleber zu fest ausgetrocknet und unbrauchbar ist.

Alleine aus der kurzen zur Verfügung stehenden Zeitspanne ergibt sich, dass Zwei-

91

komponentenkleber nicht zum Verkleben von Kleinteilen geeignet ist. Er ließe sich zwar gut auf ihnen auftragen. Letztlich wird man aber feststellen, dass bereits nach wenigen Kleinteilen die zur Verfügung stehende Arbeitszeit abgelaufen ist. Denn mit Kleben alleine ist es oft nicht getan. Die geklebten Teile wollen schließlich auch etwas zusammengepresst werden. Was beim Arbeiten mit gewöhnlichen Klebern so nebenbei geschieht. Da aber auch währenddessen die Uhr läuft, kann man förmlich zusehen, wie der Kleber an der Kanüle austrocknet.

Wie schnell 5 Minuten vergehen können, bemerkte ich, als ich nach einer etwas länger dauernden Klebung die nächste durchführen wollte. Der Kolben ließ sich kaum noch in den Zylinder drücken. Nur mit äußerster Kraft und beiden Händen gelang es mir, Klebstoff aus der Kanüle zu pressen. Dieser war jedoch nicht mehr flüssig, sondern präsentierte sich in Schlangenform. Erst nach und nach wurde er wieder zähflüssig und schließlich wieder flüssig. Dennoch musste die Kanüle mit ausgehärteten Kleberrückständen zumindest teilweise verstopft gewesen sein. Was bei deren geringem Durchmesser auch nicht wundert. Letztlich war es nicht mehr möglich, bequem Klebstoff auf die Arbeitsstelle aufzutragen. In solchen Fällen bietet sich, quasi als Notlösung, an, die Kanüle vom Zylinder abzunehmen und Kleber und Härter über die große Öffnung herauszudrücken. Im hinteren Bereich hat der Aushärteprozess schließlich noch nicht begonnen. Abgesehen davon kommen Zweikomponentenkleber ohnehin häufig zum Einsatz, wenn es um das Kleben größerer Teile geht. Außerdem ist es immer noch besser, den Klebstoff „etwas unkonventionell" weiter zu verwenden, als ihn gleich fachgerecht entsorgen zu müssen.

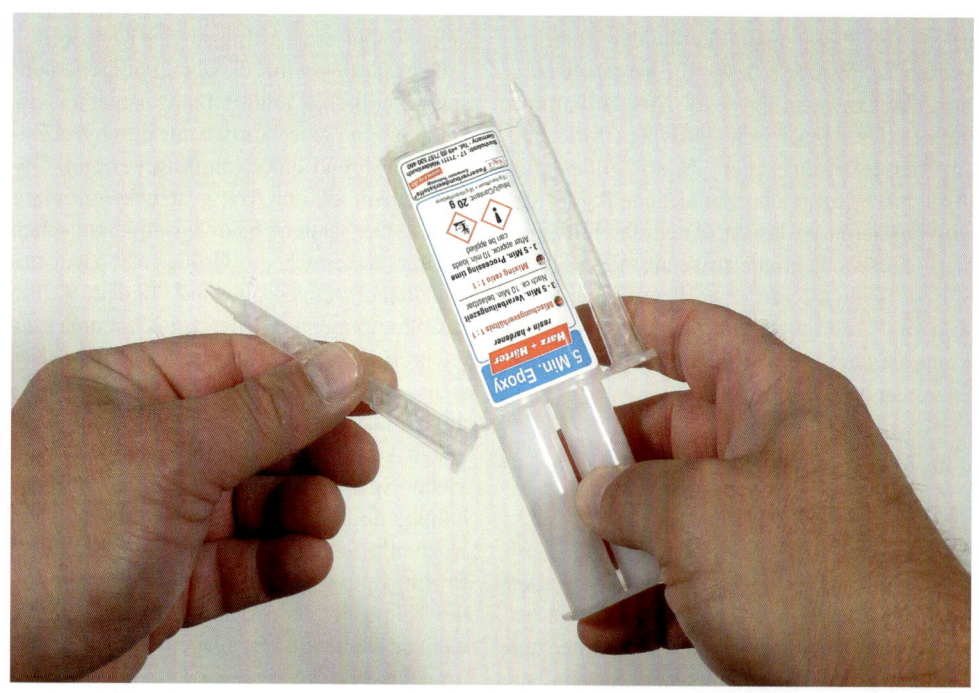

Zuerst sind die seitlich angebrachten Kanülen vom Doppelzylinder des Zweikomponentenklebers zu trennen

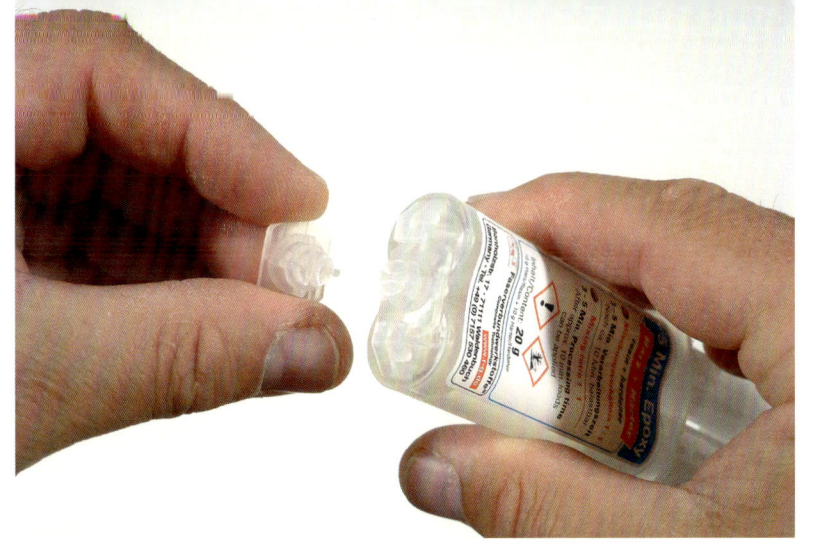

Nachdem der Verschluss an der Spritzenspitze entfernt wurde, ...

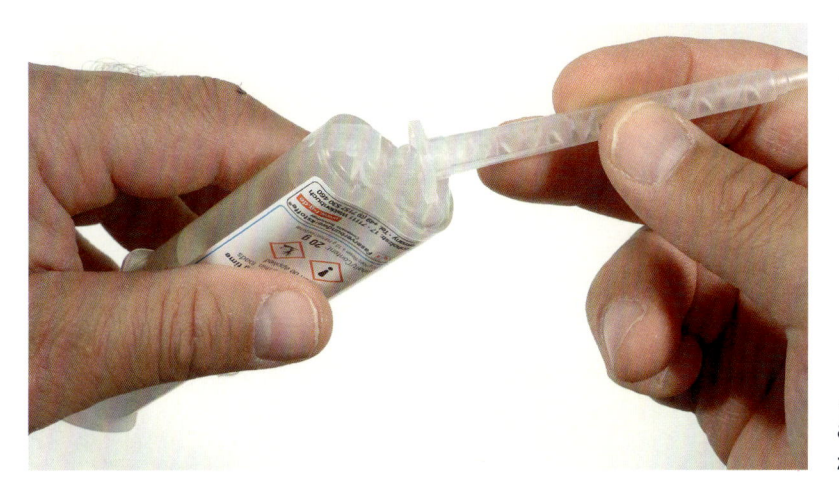

... ist die Kanüle aufzusetzen und zu arretieren.

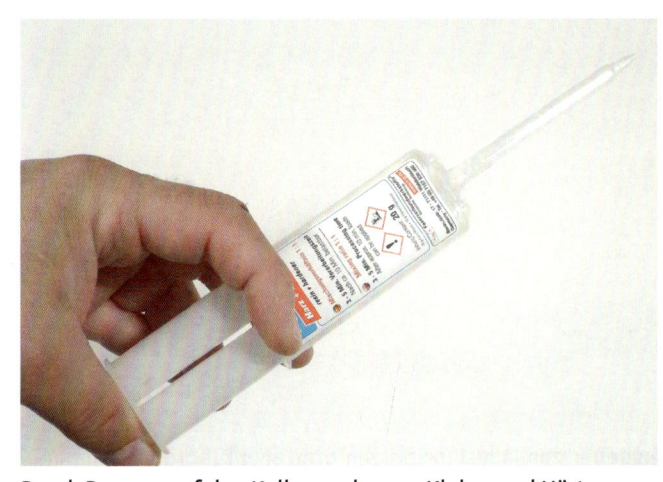

Durch Pressen auf den Kolben gelangen Kleber und Härter ...

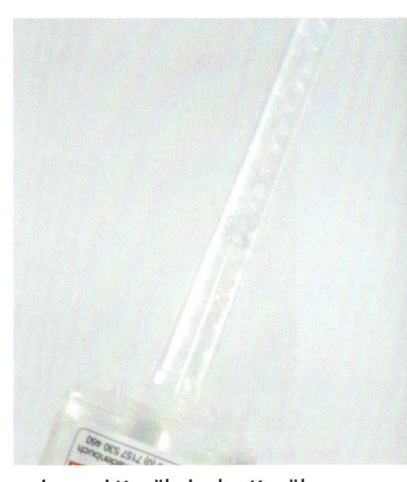

... in zwei Kanäle in der Kanüle

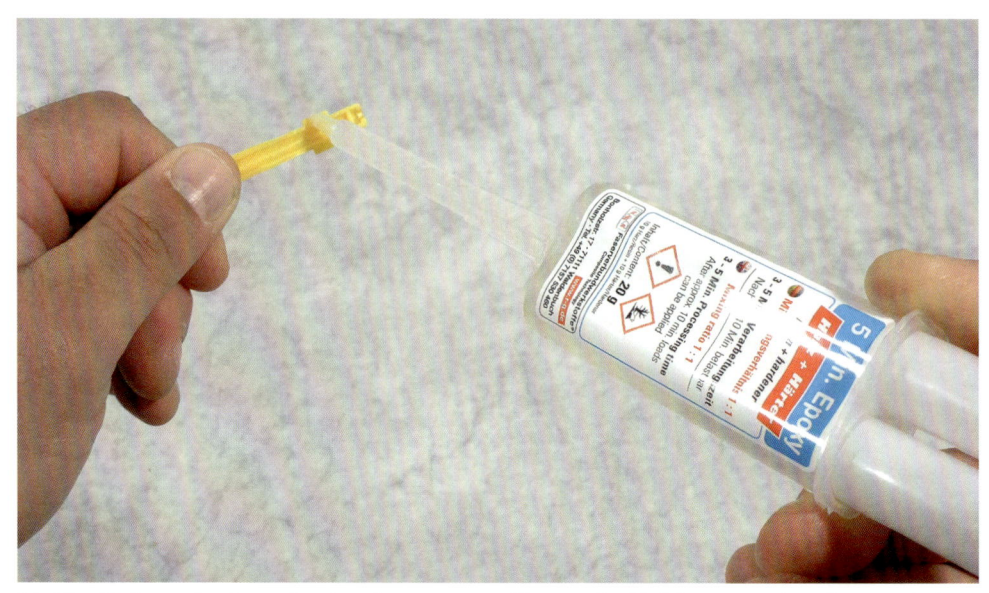

Die Handhabung der Doppelspritze ist etwas gewöhnungsbedürftig. Dennoch gelingt auch das Auftragen geringer Klebstoffmengen recht gut

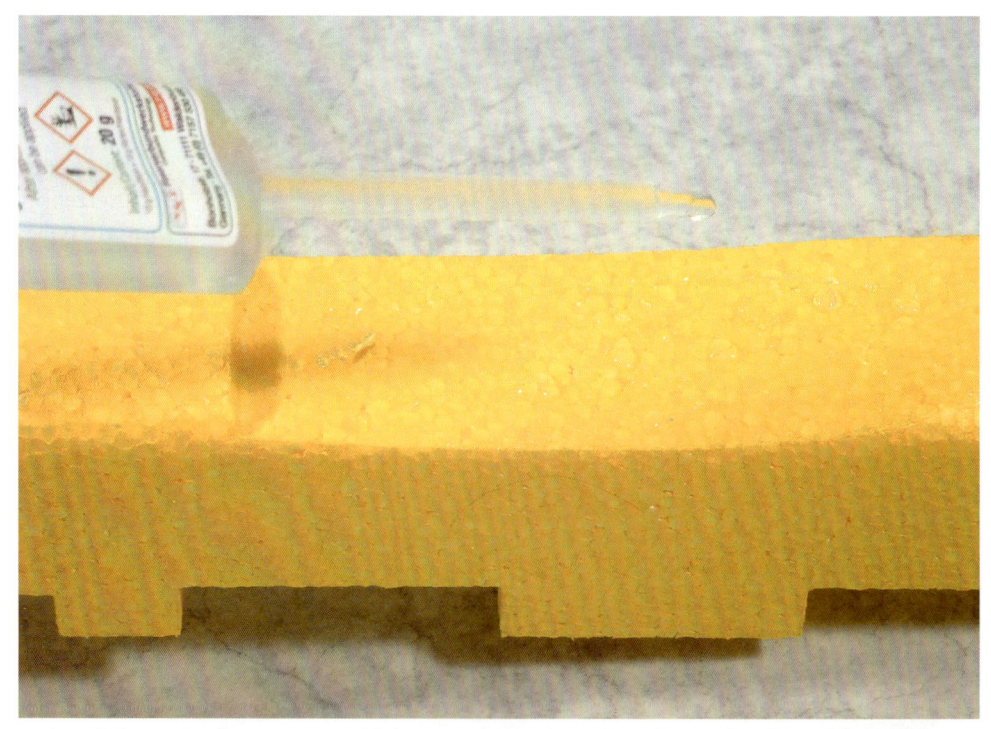

Meist wird man Zweikomponentenkleber, zumindest in Spritzenform, eher für größere Klebungen nutzen

Zum Verarbeiten des Zweikomponentenklebers bleibt nur wenig Zeit

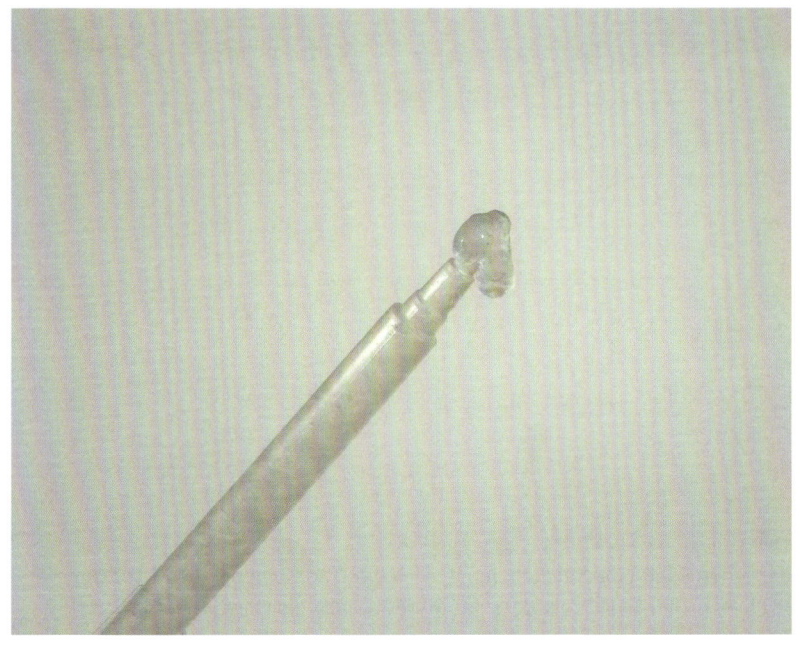

Denn er beginnt sofort auszuhärten, nachdem er mit Luft in Kontakt kommt. Bereits nach rund 5 Minuten lässt sich aus der Kanüle unter Kraftaufwendung nur noch eine ausgehärtete Kleber-Schlange herauspressen

Schnell und doch langsam

Auch wenn uns Zweikomponentenkleber wie der 5 Min. Epoxy von R&G wenig Zeit lässt, um ihn zu verarbeiten, so ist er doch eines nicht: ein schnell haftender Klebstoff. Beim Kleben von Kleinteilen unseres Modellbau-Bausatzes hatte ich eher das Gefühl mit einem Klebstoff zu arbeiten, der primär unsere Finger, nicht aber die beiden Kunststoffteile, miteinander verklebt. Von anderen Kunststoffklebern ist man gewohnt, dass diese zumindest aneinander haften bleiben, wenn man die beiden zu klebenden Stücke kurz zusammenpresst. Von einer beginnenden Haftkraft habe ich beim Zweikomponentenkleber auch nach einer Minute noch nichts gemerkt. Die Teile ließen sich verschieben, verdrehen, lösen, neu zusammenfügen,… ganz nach Belieben.

Genau genommen passt dieses Verhalten des 5 Min. Epoxy exakt mit den Angaben in der Gebrauchsanleitung überein. Selbst nach 10 Minuten Aushärtezeit kann man kaum von Haftkraft sprechen. Sie beträgt gerade einmal 1,7 MPa. Was so viel wie nichts ist. Mit Zweikomponentenkleber zusammengefügte Teile wollen gut fixiert und gegebenenfalls auch beschwert werden. Entscheidend ist, dass man der Klebestelle reichlich Zeit lässt. Denn der Aushärteprozess beginnt erst nach etwa 15 Minuten „interessant" zu werden. Da beträgt er immerhin schon 6,8 MPa. Nach einer weiteren Viertelstunde hat sie sich mit 14,8 MPa mehr als verdoppelt und beinahe 80% der nach 24 Stunden erreichten Aushärtung und Klebefestigkeit erreicht.

Nach einer Stunde sind unsere anfangs gar nicht aneinander kleben wollenden Kunststoffteile doch eine felsenfeste Verbindung eingegangen. Ausschlaggebend für die Qualität der Klebung ist aber die Fixierung und

Um überhaupt wieder einen Spalt zu erreichen, musste ich die Tragflächen mit sanfter Gewalt nach unten ziehen. Dabei zeichnete sich ab, dass das Material teilweise ausbrechen wird

Beschwerung der zu klebenden Bauteile. Ist man hier schlampig vorgegangen, lassen sich die Teile nicht mehr lösen.

Sinngemäß habe ich die gleiche Erfahrung auch bei Klebungen an unserem EPP-Schaumstoffflugzeug gemacht. Anfangs schien es auch so, als würden die am Rumpf anzuklebenden Tragflächen ganz und gar nicht haften wollen. Gut fixiert und beschwert habe ich die Klebung eine Stunde aushärten lassen. Währenddessen wurde tatsächlich eine bereits sehr hohe Festigkeit erreicht. Nur mit sanfter Gewalt war es überhaupt möglich, die Tragflächen wieder vom Rumpf zu lösen. Währenddessen zeichnete sich bereits ab, dass dies kaum ohne eine teilweise Beschädigung der Tragflächen vor sich gehen werde. Tatsächlich hafteten einige Schaumstoffbläschen so fest, dass sie aus den Tragflächen ausgebrochen sind.

Unbeschadet ließ sich die Klebung nicht wieder trennen

Perfekte Klebung

Auch wenn es nicht Sinn der Sache ist, eine gute Klebung gewaltsam wieder zu lösen, so hat sie doch eines gezeigt. Mit dem Zweikomponentenkleber 5 Min. Epoxy von R&S ist es gelungen, eine perfekte, feste Klebung zu erreichen. Beide Teile hafteten etwa so fest aneinander, dass man meint, es mit einem einzigen zu tun zu haben.

Wichtig ist dieser Aspekt vor allem, wenn ein Schaumstoffflieger nach einer unsanften Landung zu Bruch gegangen ist. Eine abgebrochene Tragfläche oder ein beschädigtes Heck sind kein Anlass mehr zur übertriebenen Sorge. Wichtig ist nur, dass man noch alle Teile findet. Dann nämlich lässt sich das Modell leicht wieder mit dem richtigen Kleber zusammenflicken. Wenn man dabei geschickt vorgeht, kann man die Spuren des vorangegangenen Unfalls wieder so gut wie unsichtbar machen. Mindestens genauso wichtig ist aber, dass das Flugzeug binnen weniger Stunden wieder voll einsatzbereit ist. Man muss weder teure Ersatzteile bestellen, die vielleicht erst in Wochen lieferbar sind, noch muss das Modell im großen Stil zerlegt werden. Hat man den Kleber am Modellflugplatz zur Hand, kann man bereits hier zur Tat schreiten und die gereinigten Bruchstücke wieder zusammenfügen. Bereits nach zwei Stunden ist wieder eine so hohe Festigkeit erreicht, dass dem nächsten Flug nichts mehr im Wege steht.

Zweikomponentenkleber Part II

Der Zweikomponentenkleber Pattex 2K-Kleber Stabilit Express ist anders aufgebaut, als die beliebten Zweikomponentenkleber-Spritzen. Er orientiert sich an klassischen Zweikomponenten-Klebern. Diese wurden vor allem in der Vergangenheit, in zwei separaten Tuben, einem Kleber und einem Härter, angeboten. Vor einer Klebung musste man selbst die benötigte Menge Klebstoff abmachen. Genau nach diesem Prinzip funktioniert auch der Stabilit Express. Er besteht aus einem zähflüssigen Kleber in einer Tube und einer kleinen Dose mit Härterpulver. Es hat etwa die Konsistenz von Mehl.

Der Zweikomponentenkleber ist laut Gebrauchsanleitung anzumischen

Arbeitsvorbereitung

Zunächst ist der Zweikomponenten-Klebstoff im entsprechenden Mischungsverhältnis anzumischen. Dazu ist laut Gebrauchsanleitung vorzugehen. Zuerst ist mit dem im Lieferumfang enthaltenen Löffel ein Löffel voll Härterpulver in der Mischmulde neben der Härterdose zu geben. Sie ist mit dem Kleberharz aus der Tube aufzufüllen. Das Harz ist zähflüssig und hat eine rotbraune Färbung. Anschließend sind Harz und Härter in der Mulde gut durchzumischen. Was etwa 3 Minuten dauert. Der Klebstoff ist dann gebrauchsfertig, wenn sich das Härterpulver vollständig in ihm verteilt bzw. aufgelöst hat.

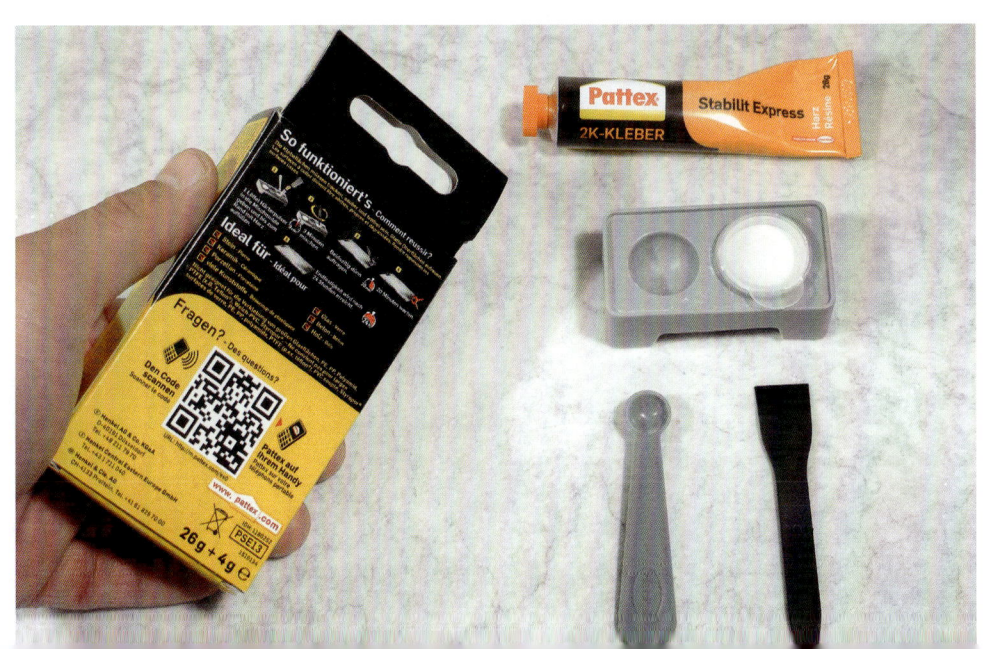

Zuerst ist Härterpulver in die Mischmulde zu geben

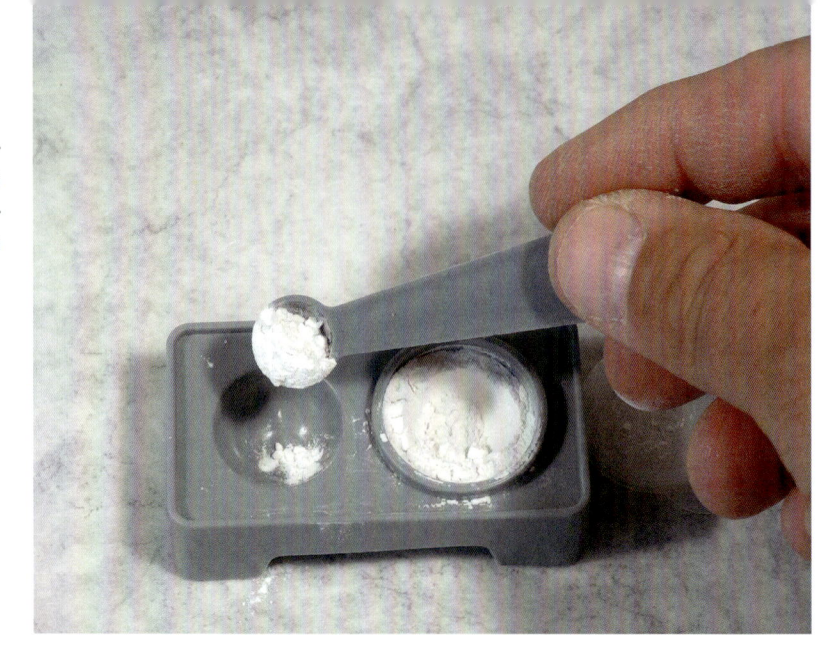

Anschließend wird die benötigte Menge Kleberharz zugefügt

Harz und Härter sind gut miteinander zu vermischen ...

... bis sich das Härterpulver vollständig aufgelöst hat

Vorteil

Abzumischende Zweikomponentenkleber haftet zwar der Makel der umständlichen Handhabung an. Aber gerade das Selbstzusammenmischen von Kleber und Härter in der von benötigten Menge verhindert, dass nicht benötigter Klebstoff ungenutzt aushärtet oder dass halbvolle Tuben schon nach kurzer Zeit nicht mehr zu gebrauchen sind. Durch die separate Aufbewahrung beider Komponenten wird zudem eine sehr lange Lagerzeit erreicht.

Schnell arbeiten

Wie auch bei anderen Zweikomponentenklebern ist beim Pattex 2K-Kleber Stabilit Express schnelles Verarbeiten angesagt. Laut meiner Erfahrung bleiben nur rund drei bis vier Minuten, um den vorbereiteten Klebstoff zu verarbeiten. Womit er unmittelbar nach dem Anmischen auf die Klebestelle beidseitig aufzutragen ist. Unmittelbar darauf sind beide Teile zu verkleben und für 20 Minuten zu fixieren. Bei den geklebten Kunststoffteilen unseres Bausatzes konnte ich mich bereits nach einer Stunde über eine hohe Festigkeit und stabile Verbindung erfreuen. Die endgültige Festigkeit wird nach 24 Stunden erreicht.

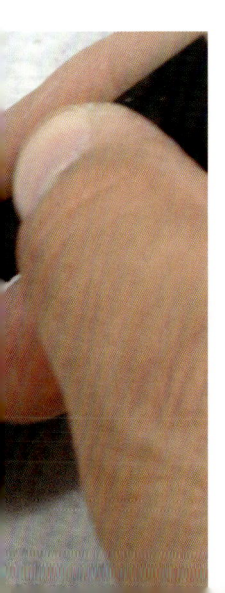

Der Zweikomponentenkleber ist zügig aufzutragen

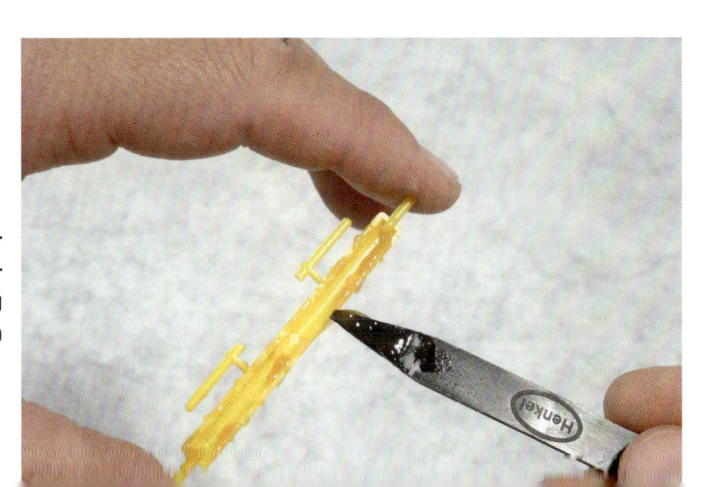

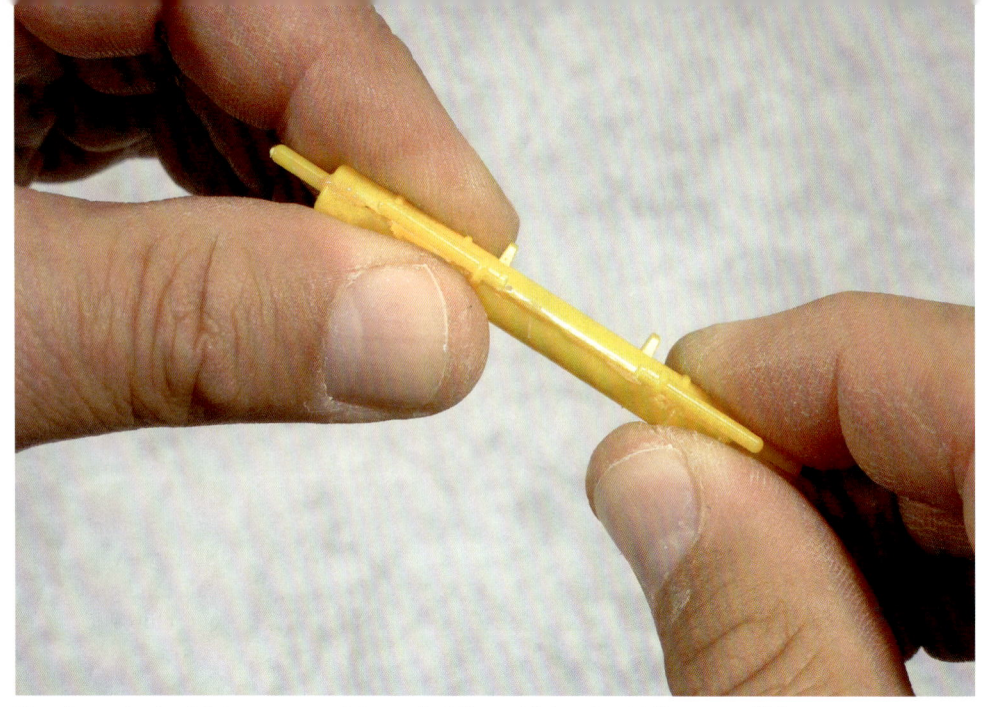

Um eine gute Aushärtung zu erreichen, sind die zu klebenden Teile gut zu fixieren.
Bei Kunststoff kommt es dabei vor allem auf die erste Minute an

Lässt man sich bei der Verarbeitung des angemischten Zweikomponentenklebers zu viel Zeit, trocknet dieser bereits in der Mulde aus

Kleben von Schaumstoffen

Das Ankleben der Höhenflosse am Schaumstoff-Modellflugzeug gibt mir die Gelegenheit, die Schaumstofftauglichkeit des Pattex 2K-Klebers Stabilit in der Praxis auszuprobieren. Wohl wissend, dass nicht jeder Klebstoff gleichermaßen für Schaumstoffe geeignet, beziehungsweise vorgesehen ist.

Zunächst wird der Pattex 2K-Kleber Stabilit auf der Klebefläche dünn aufgetragen. Wobei Eile geboten ist, da der Zweikomponentenklebstoff schneller aushärtet, als es dem eigenen Zeitgefühl entsprechen würde. Anschließend wird die Höhenflosse auf den Rumpf gepresst. Um eine stabile Klebung zu erreichen, wird die Klebestelle für die Dauer der Austrocknung beschwert. Ob die Klebung meinen Anforderungen entspricht, habe ich nach etwa zwei Stunden Wartezeit ausprobiert. Dabei fällt gleich auf, dass sich beim leichten Anheben der Höhenflosse zum Rumpf hin ein leichter Spalt bildet. Ich hebe die Flosse weiter behutsam an und kann sie so ohne besondere Kraftaufwendung vom Rumpf lösen. Ich vermute, dass sie sich auch während eines Flugs alleine durch die Kraft des Winds sehr schnell lösen würde. Wurde dem Kleber nicht ausreichend Zeit zum Austrocknen gegeben? Wohl nicht. Zum einen gehört er der Klasse der schnellhärtenden 2-Komponenten-Acrylatklebern an. Weiter verraten mir die Kleberrückstände an der Höhenflosse und dem Rumpf, dass dieser tatsächlich gut ausgetrocknet ist. Selbst die Kleberreste haften nicht allzu gut auf den Schaumstoffteilen und lassen sich mühelos mit den Fingern rückstandsfrei lösen.

Zunächst wird der Pattex 2K-Kleber Stabilit auf der Klebefläche dünn aufgetragen

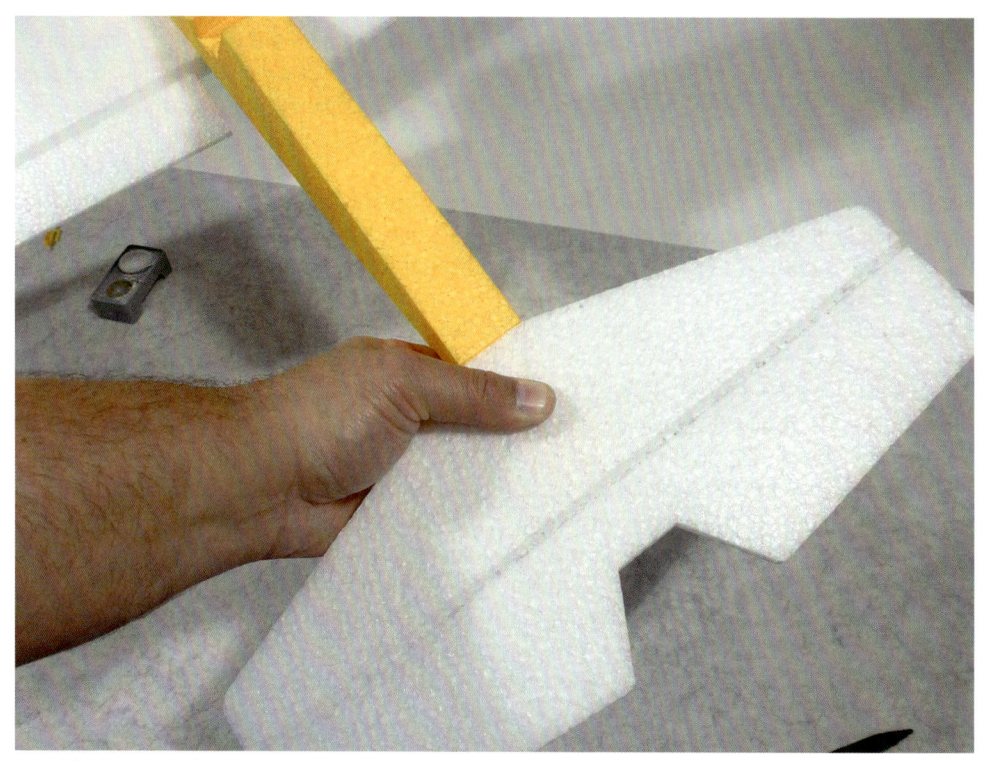

Anschließend wird die Höhenflosse auf den Rumpf gepresst und für die Dauer der Aushärtung fixiert

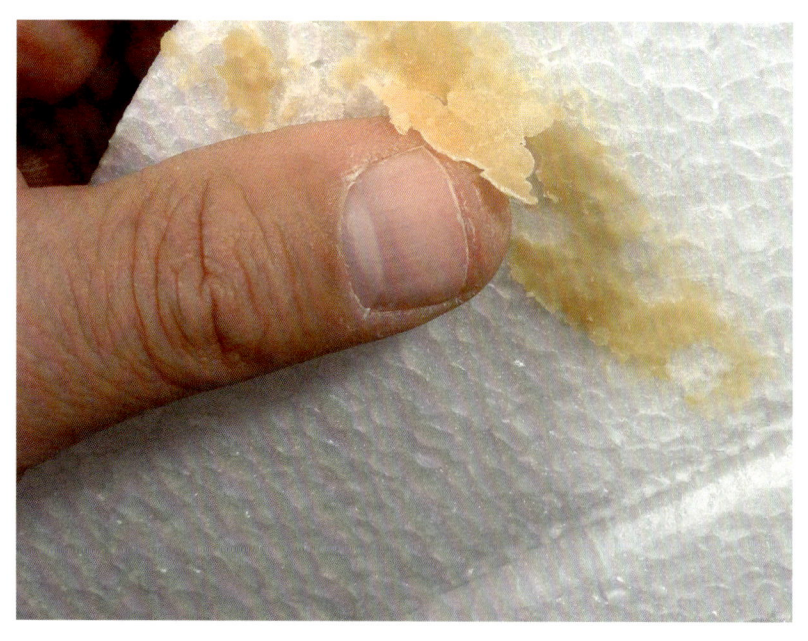

Nach zwei Stunden lässt sich die Flosse ohne besonderen Kraftaufwand vom Rumpf lösen. Die Kleberreste lassen sich mühelos mit den Fingern rückstandsfrei entfernen

Kleben mit der Heißklebepistole

Das Kleben mit der Heißklebepistole bietet sich im Modellbau vor allem für großflächigere Verklebungen an. Womit sie sich zum Kleben zum Beispiel eines Schaumstoff-Modellflugzeugs anbietet.

Zuerst ist die Heißklebepistole in Betrieb zu nehmen. Wozu sie ans Stromnetz anzustecken ist. Nur wenige Modelle, wie die Dremel 940, verfügen über einen eingebauten Ein-Aus-Schalter. Zunächst muss die Pistole aufheizen. Währenddessen kann bereits an ihrer Rückseite ein Klebestick eingeschoben werden. Dieser wird mit dem Abzughebel nach vorne in die Heizkammer bewegt, wo er geschmolzen wird. Je nachdem, wie viel Druck auf den Abzughebel ausgeübt wird, strömt mehr oder weniger viel des geschmolzenen Klebers aus der kleinen Düse. Damit ist es sowohl möglich, sehr geringe, als auch sehr große Klebstoffmengen auf die Klebestelle aufzubringen. Je nach Bedarf.

Für Klebungen kleiner Teile ist die Heißklebepistole nur bedingt geeignet. Zumindest unter dem Aspekt, dass man Gefahr läuft, den sehr heißen geschmolzenen Kleber auf die Finger zu bekommen.

Nachdem die Heißklebepistole eingeschaltet wurde, muss sie sich erst einmal aufheizen

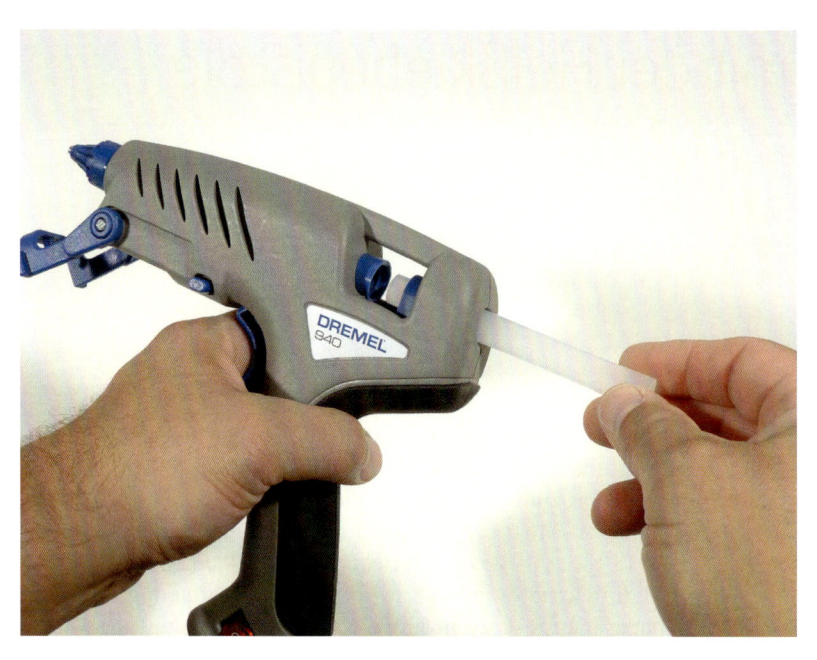

Währenddessen kann bereits an der Rückseite ein Klebestick reingesteckt werden

Er wird mit dem Abzughebel nach vorne bewegt

Da der geschmolzene Kleber sehr heiß ist, bietet sich die Heißklebepistole nicht zum Kleben kleiner Teile an

Schnell arbeiten

Der geschmolzene Kleber kühlt sehr schnell wieder ab und lässt so nur wenig Zeit für die Klebung. Man sollte sich deshalb beim Auftragen des Klebers auf die Arbeitsstelle beeilen. Bereits nach einer Minute kann er soweit abgekühlt und ausgehärtet sein, dass mit ihm keine Klebung mehr möglich ist. Stattdessen lässt sich eine frisch abgekühlte Kleberaupe von der Arbeitsstelle wieder lösen, ohne sich dabei die Finger klebrig zu machen.

Da frisch geschmolzener Kleber noch äußerst dünnflüssig ist, muss die Arbeitsfläche nicht zur Gänze mit Kleber bestrichen werden. Hier genügen bereits Kleberraupen im Abstand von rund 5 bis 10 mm. Werden die zu klebenden Teile zusammengepresst, verteilt sich der Kleber gleichmäßig und sorgt so für eine feste Verbindung.

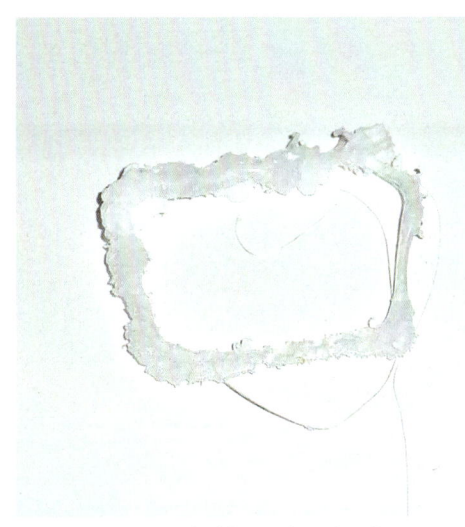

Die Kleberaupen kühlen sehr schnell aus. Bereits nach einer Minute kann sie soweit abgekühlt sein, dass sie sich als fester Körper von der Arbeitsstelle lösen lässt

Für großflächige Verklebungen genügt es, einige Raupen im Abstand von 5 bis 10 mm zueinander aufzutragen

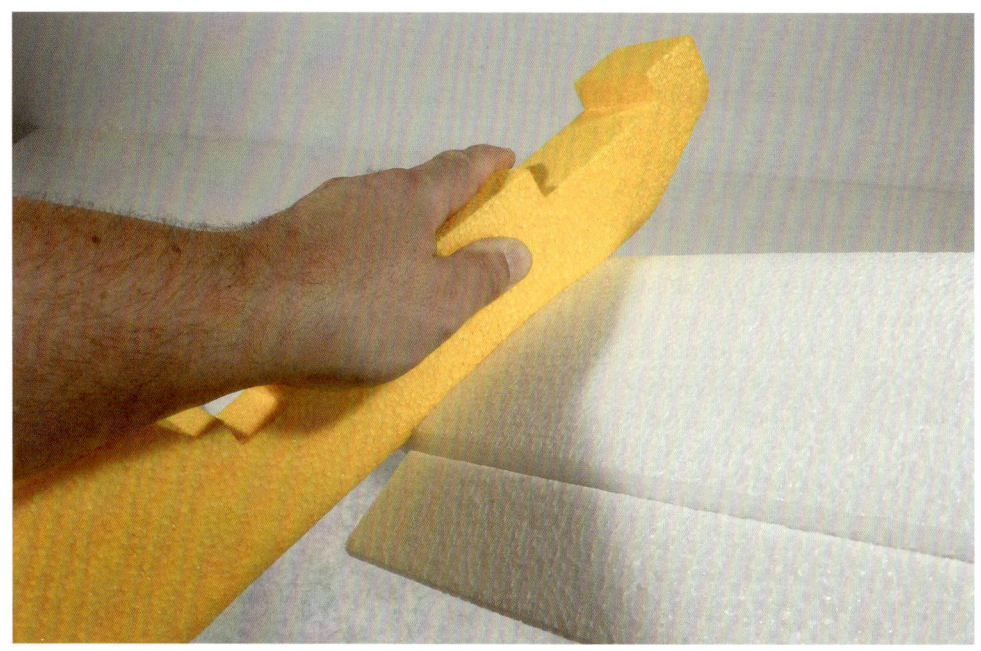

Bereits beim ersten Zusammenpressen verteilt sich der noch flüssige Klebstoff gleichmäßig

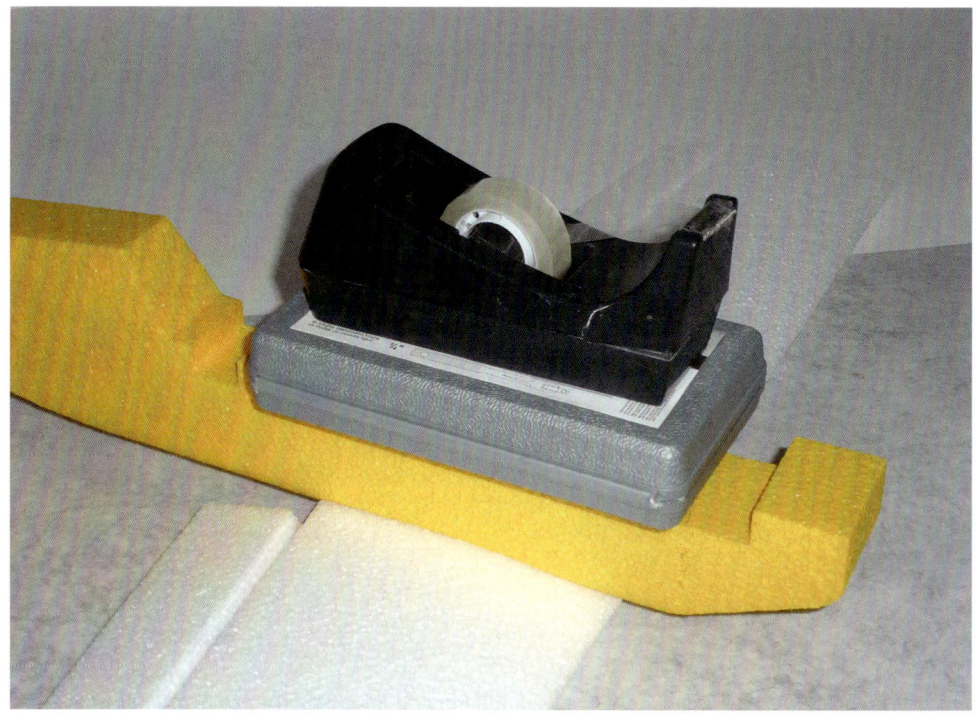

Das gleichmäßige Beschweren des Klebebereichs sorgt für eine stabile Klebung

Feste Verbindung

Ich konnte mich bereits davon überzeugen, dass das Kleben mit der Klebepistole bei Schaumstoff-Modellen zu sehr guten Resultaten führt. Die Stabilität der Klebung hat mich jedenfalls veranlasst, nicht zu versuchen, die aufgeklebte Tragfläche wieder vom Rumpf zu trennen. Wie eine anschließende Probeklebung eindrucksvoll belegt. Dazu hatte ich zwei Würfel mit der Heißklebepistole zusammengeklebt und rund 90 Minuten auskühlen lassen. Danach versuchten ich behutsam, die Verklebung wieder zu lösen. Dabei zeigte sich, dass die Verklebung besser hält als die innere Materialfestigkeit. Womit aus einem der beiden Würfel beinahe auf der gesamten Klebeoberfläche Schaumstoffkügelchen herausgebrochen sind. Hier kann man getrost von der Zerstörung des Materials sprechen.

Was aber nicht heißt, dass diese Teile für weitere Arbeiten verloren sind. Denn ich habe auch die vermeintlich zerstörten Probewürfel noch einmal geklebt. Nach etwa 2 Stunden konnten ich die neue Klebestelle nicht einmal mehr ausmachen und die Festigkeit der zuvor zerstört geglaubten Würfel erfüllt höchste Ansprüche.

Kunststoff kleben

Die Klebepistole ist nicht das ideale Werkzeug, um filigrane Kunststoffteile zu kleben. Auch wenn sich der Kleber, je nach der in der Klebepistole eingebauten Düse, auch gezielt und kleindosiert abgeben lässt, so rinnt doch meist etwas Kleber nach. Womit schnell zu viel Kleber auf die Arbeitsstelle aufgebracht wird. Ist man gezwungen, kleine zu klebende Teile in den Händen zu halten ist die Gefahr groß, sich die Finger mit dem geschmolzenen Kleber zu verbrennen. Zudem ist nicht auszuschließen, dass man Hautteile mit der heißen Düse der Heißklebepistole berührt. Womit einmal mehr ein hohes Verbrennungsrisiko besteht. Alleine wegen dieser Fakten ist klar, dass die Heißklebepistole für dieses Einsatzgebiet ausscheidet.

Sehr wohl bietet sich die Heißklebepistole jedoch für Kunststoffteile an, wenn großflächigere Verklebungen vorgenommen werden sollen oder wenn es nicht erforderlich ist, das Bauteil in die Hände zu nehmen, auf das der flüssige Kleber aufzutragen ist. Solche Arbeitsschritte finden man auch an unserem Bausatz. Durch leichtes Drücken des Abzugs wird nur wenig Kleber geschmolzen, der auch relativ langsam aus der Düse rinnt.

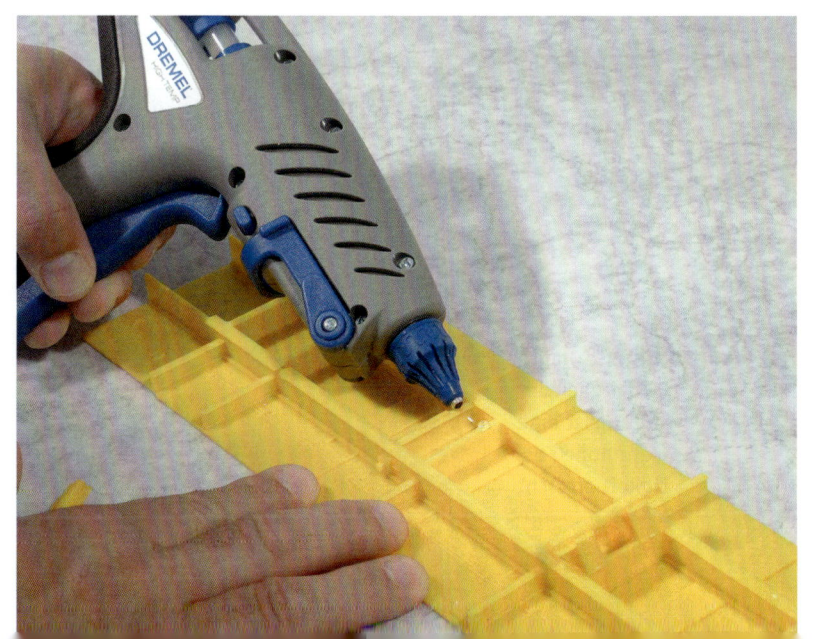

An größeren Kunststoffteilen können gefahrlos kleine Teile mit der Heißklebepistole angeklebt werden

Damit bleibt Zeit genug, den Kleber so aufzutragen, wie man es benötigt. Als nachteilig kann sich jedoch erweisen, dass der Kleber nach Absetzen einer eben bestrichenen Stelle einen dünnen Faden zieht. Gelegentlich kann mit ihm auch etwas Kleber an eine unbeabsichtigte Stelle gelangen. In der Regel lassen sich diese Fäden nach dem Austrocknen jedoch leicht wieder entfernen.

Auch beim Kleben von Kunststoffen ist grundsätzlich schnelles Arbeiten angesagt. Denn auch hier kühlt der Klebstoff schnell aus und wird zu hart, um noch eine Verbindung mit dem zu klebenden Teil eingehen zu können.

Die hohe Haftkraft der Heißpistolenklebung zeigt sich bereits unmittelbar nach der Klebung. Unmittelbar, nachdem ich einen kleinen Bügel an einer großen und schweren Grundplatte angeklebt hatte, habe ich die Platte am Bügel hochgehoben. Dieser löste sich weder ab, noch veränderte er seine Position. Er hielt bereits fest genug, um das schwere Gewicht der Platte tragen zu können. Bereits nach einer Stunde hat die Klebung eine sehr hohe Festigkeit erreicht und hält selbst hohen mechanischen Beanspruchungen stand. Damit bietet sich die Heißklebepistole einmal mehr für hochwertige Klebearbeiten an.

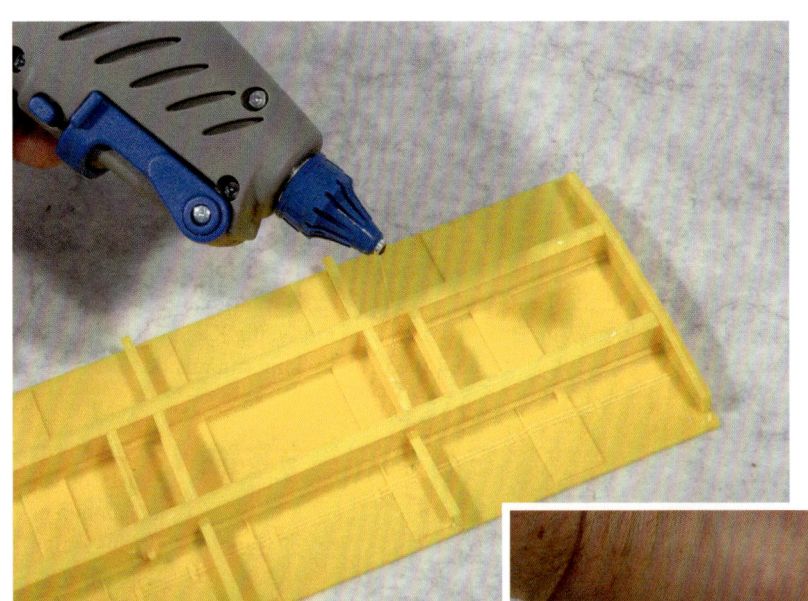

Ein kleiner Nachteil ist lediglich, das Ziehen von dünnen Fäden nach dem Beendigen des Klebstoffauftrags

Bereits unmittelbar nach der Klebung ist eine sehr hohe Festigkeit erreicht

Kleben von Holz

Im RC-Modellbau dominieren nicht nur Kunst- und Schaumstoffe. Auch Holz ist häufig als Werkstoff vertreten, vor allem im Bereich der fortgeschrittenen Modellbauer. So werden unter anderem Modellflugzeug-Bausätze aus leichten Hölzern angeboten. Für sie ist Leim der unangefochtene Klassiker. In diesem Kapitel will ich mich nicht nur detailliert mit dem Einsatz von Leimen beim Zusammenbau eines Holzmodells befassen. Selbstverständlich wird auch die Tauglichkeit anderer Klebstoffe für diesen Werkstoff geprüft. Schließlich geben auch viele Universal- und 2K-Kleber ihre Eignung für Holz an.

Ponal Classic

Als Erstes muss sich klassischer Leim an unserem Modell bewähren. Grundsätzlich erfordert Leim, so wie auch andere Klebstoffe, saubere, trockene und fettfreie Klebeflächen. Der Leim ist einseitig aufzutragen. Nur bei Harthölzern wird beidseitiges Auftragen empfohlen. Anschließend sind die zu klebenden Teile zusammenzupressen, solange der Leim noch feucht ist. Unter Raumtemperatur beträgt die Presszeit jedenfalls 20 Minuten. Daraus geht hervor, dass man mit Leim nicht schnell mal etwas anklebt, was sofort hält. Anderer-

Als Erstes muss sich klassischer Leim bewähren. Er erfordert eine ausreichend lange Trockenzeit

seits gibt uns Leim die Gelegenheit, mit Ruhe und Bedacht zu arbeiten. Stress tritt nicht auf. Schließlich braucht man, anders als etwa bei Zweikomponentenklebern, keine Angst zu haben, dass der Klebstoff schon nach wenigen Minuten nicht mehr zu gebrauchen ist.

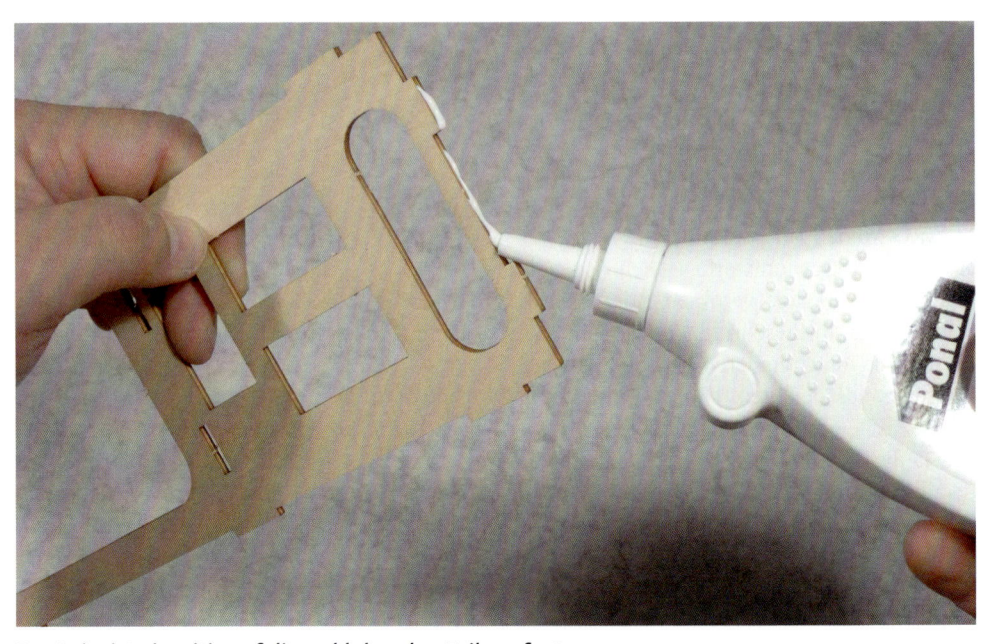

Der Leim ist einseitig auf die zu klebenden Teile aufzutragen

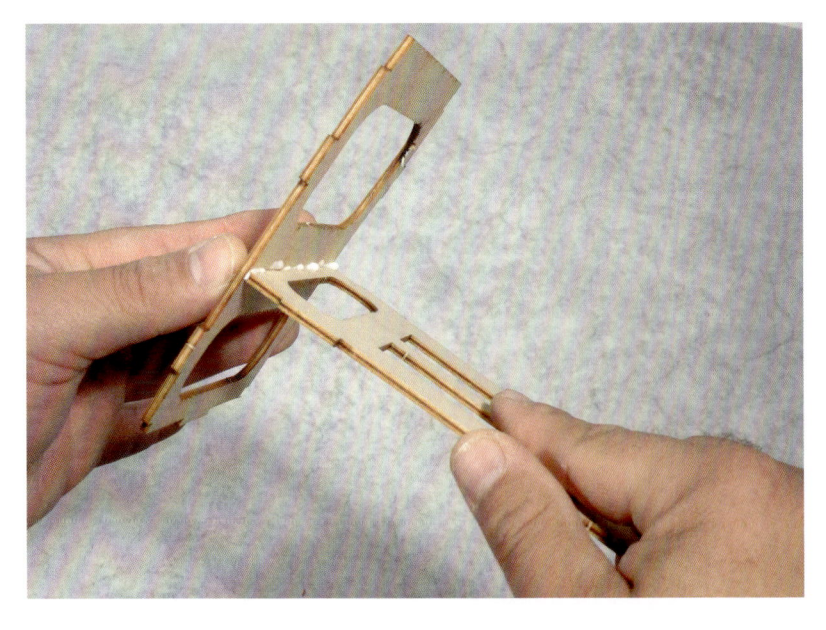

Solange der Leim noch feucht ist, sollten die zu klebenden Teile gut zusammengepresst werden

112

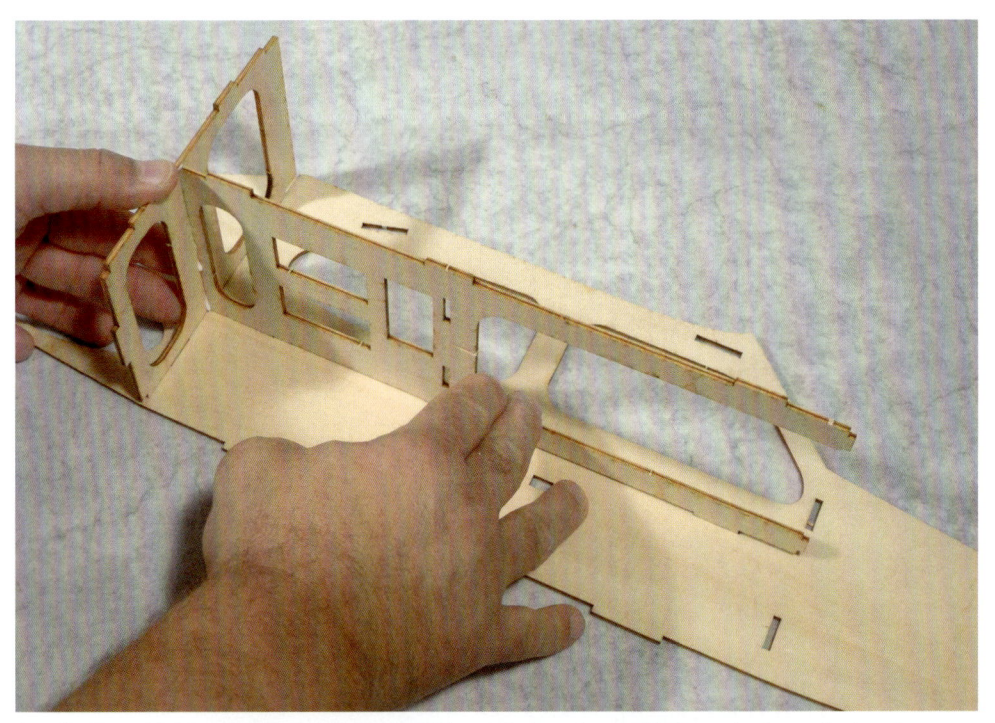

Damit die geklebten Teile mit idealer Position miteinander verkleben, stecken wir sie schon mal in die vorgesehenen Schlitze der Modell-Rumpfseite

Nach 30 Minuten unterziehe ich die Klebung einem ersten Test. Erwartungsgemäß ist der Leim bereits abgetrocknet und die verklebten Komponenten weisen eine hohe Festigkeit und Stabilität auf. Bis die Klebung vollends abgetrocknet und ihre volle Festigkeit erreicht hat, werden aber noch einige Stunden vergehen. Entscheidend aber ist, dass man bei diesem Festigkeitsstadium längst bedenkenlos weitere Klebungen vornehmen kann.

Ponal Express

Bei der nächsten Probeklebung muss sich der Leim Ponal Express bewähren. Wie schon sein Name verrät, handelt es sich bei ihm um einen superschnell aushärtenden Holzleim, der besonders zügiges Arbeiten erlaubt. Wobei hier zügig doch um einiges großzügiger zu verstehen ist, als man es von Sekundenklebern kennt. Die Arbeitsweise unterscheidet sich nicht von der mit normalem Leim.

Die Klebestelle erreicht bereits nach 5 Minuten eine hohe Festigkeit. Sie ist in etwa mit jener vergleichbar, die mit dem Classic-Leim nach rund 20 Minuten erreicht wird. Was aber auch hier längst nicht heißt, dass die Klebung voll ausgehärtet ist. Sie ließe sich in diesem Härtungsgrad sogar noch lösen. Was aber kein Mangel des Klebers darstellt, sondern für Leim allgemein üblich ist. Bei ihm werden die gewohnt felsenfesten Verbindungen erst nach längerer Trockenzeit erreicht. Was aber ebenfalls in der Natur der Leime liegt.

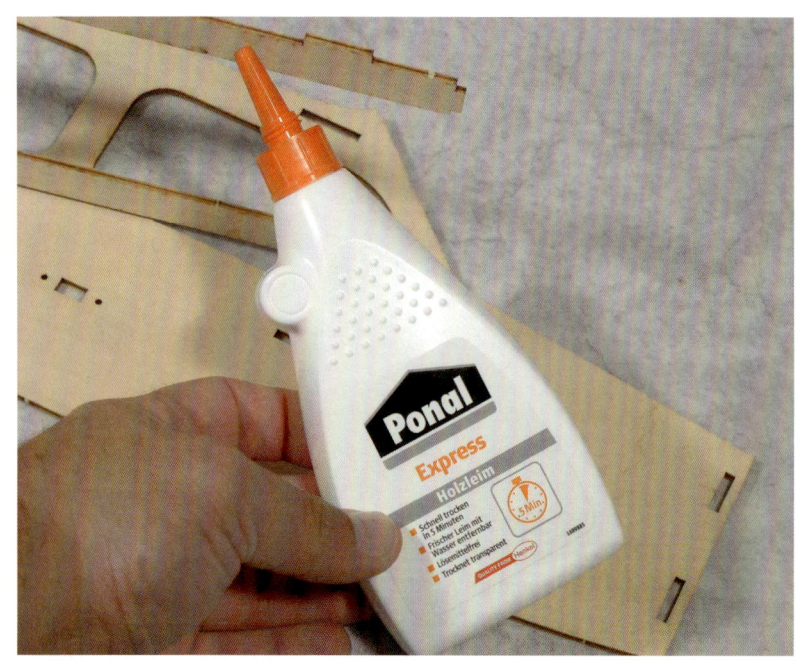

Express Leim verspricht besonders schnelles Arbeiten, da die Presszeit auf etwa 5 Minuten reduziert werden kann

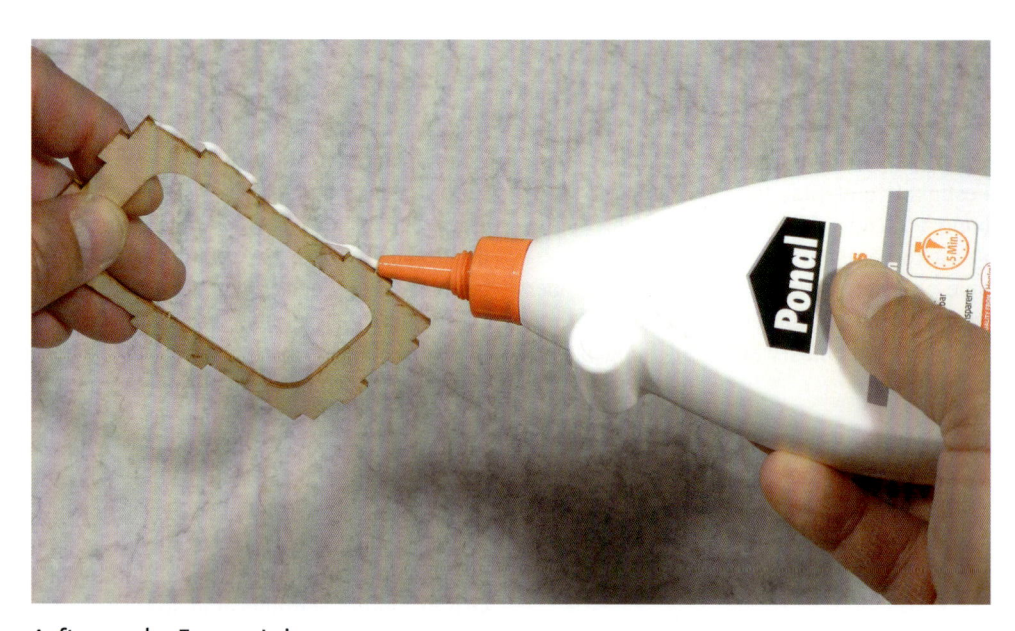

Auftragen des Express Leims

Ponal Wasserfest

Wasserfester Leim bietet sich insbesondere für Modelle an, die auch in feuchter Umgebung betrieben werden. Die Handhabung des wasserfesten Leims unterscheidet sich nicht von den anderen. Entscheidend ist auch hier die Presszeit unmittelbar nach der Klebung.

Ponal gibt für seinen wasserfesten Leim eine Mindestpresszeit von 15 Minuten an. Was ihm im Vergleich zum Classic-Leim eine etwas schnellere Aushärtung bescheinigt. Ich meine jedoch, dass der Aushärtegrad nach 30 Minuten dem Classic Leim geringfügig nachhinkt. Die Verklebungen sind jedenfalls fest und stabil genug, um weitere Arbeitsschritte vornehmen zu können. Letztlich entscheidet beim Leimen nicht, dass sich eine Klebung binnen weniger Minuten voll belasten lässt. Die volle Festigkeit wird auch hier erst nach deutlich längerer Wartezeit erreicht.

Unmittelbar nach der Klebung entscheidet die Dauer der Presszeit über die Qualität der Klebung – was allgemein für Leim zutrifft

Wasserfester Leim bietet sich für Modelle an, die auch in feuchter Umgebung betrieben werden

Kraftkleber

An unserem Holzmodell müssen sich der Kraftkleber Classic und Transparent, beide von Pattex, bewähren. In ihren Produktbeschreibungen wird auch explizit auf ihre Eignung für Holz hingewiesen. Beide Kontaktkleber sind auf beiden zu klebenden Oberflächen dünn aufzutragen. Was aufgrund seiner dünneren Konsistenz mit dem Transparentkleber sogar etwas besser funktioniert, als mit dem Classic-Kleber. Laut meiner Erfahrung ist es nicht zwingend erforderlich, auf beiden Oberflächen Klebstoff aufzutragen. Hier kommt es letztlich auf einen Versuch an.

Beide Kraftkleber wollen nicht unmittelbar verklebt werden, sondern erfordern eine Ablüftzeit von 10 bis 15 Minuten. Erst danach sind beide Teile zusammenzufügen und kräftig zu pressen.

Die Kraftkleber Pattex Classic und Transparent sind laut Verpackung auch für Holz geeignet

Zunächst ist der Kraftkleber auf beiden Oberflächen aufzutragen

Anschließend muss der Kleber 10 bis 15 Minuten ablüften

Nach einer halben Stunde prüfe ich die Festigkeit der mit beiden Kraftklebern geschaffenen Verbindungen. Wohl wissend, dass die volle Festigkeit, so wie auch bei anderen Klebstoffen, erst nach Stunden erreicht wird, war es nicht mehr möglich, beide Komponenten mit den Händen zu lösen. Womit bereits nach sehr kurzer Zeit eine sehr feste Verbindung geschaffen wurde. Damit machen die Kraftkleber ihrer Bezeichnung auch bei Holz alle Ehre.

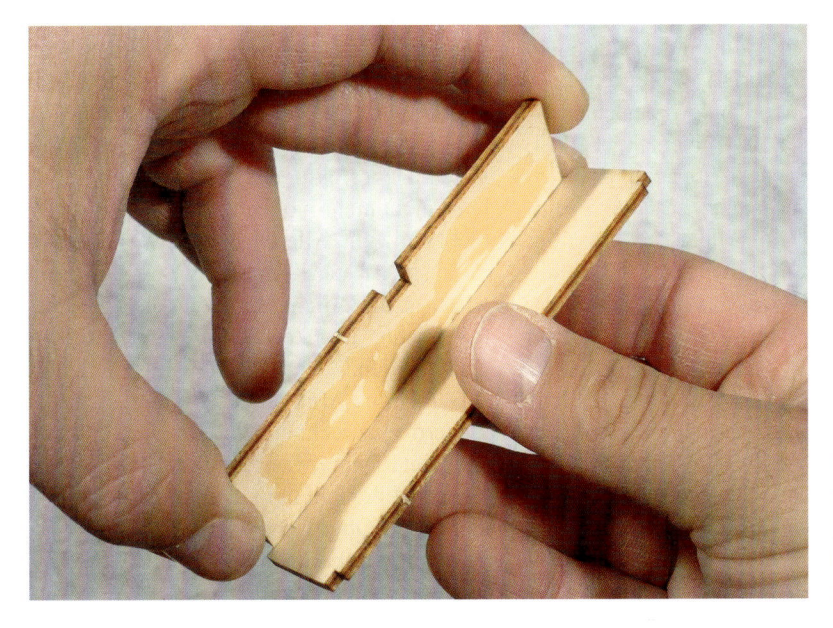

Erst danach sind die Teile zusammenzufügen und fest zu pressen

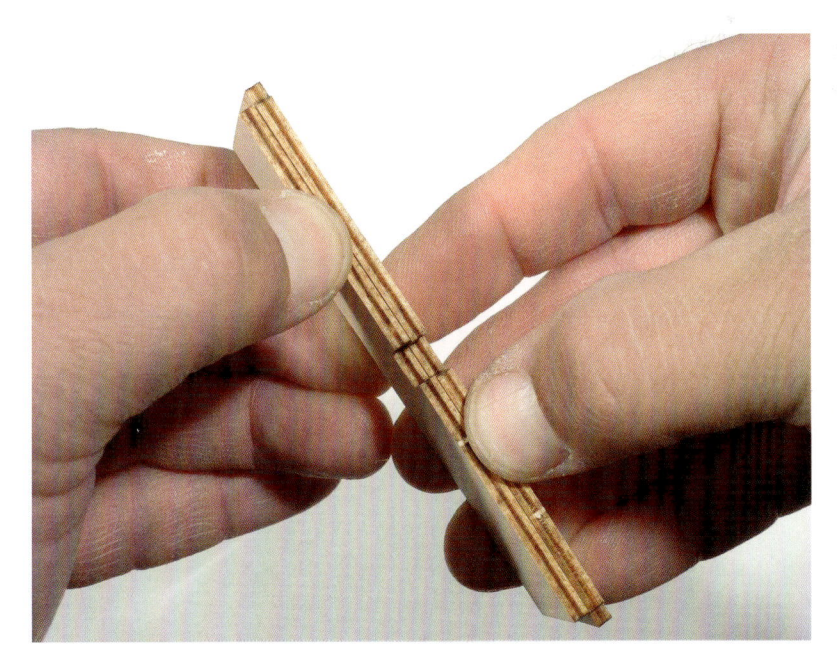

Nach einer halben Stunde lassen sich die mit den Pattex-Kraftklebern verklebten Holzstücke auch unter hoher Krafteinwirkung nicht mehr lösen

Universalkleber

Universal- oder Alleskleber finden sich in vielen Haushalten. Neben den klassischen Klebstoffen für Kindergarten und Schule gibt es aber auch in dieser Spezies Klebstoffe mit verbesserten Eigenschaften für bestimmte Anwendungen. Sie können durchaus auch im RC-Modellbau gute Dienste leisten.

Ein solcher ist der Uhu Allplast, der eigentlich ein Kunststoff-Universalkleber ist. Nur dem Text auf der Verpackung ist zu entnehmen, dass er auch für Holz geeignet sein soll. Der Uhu Allplast ist einseitig, bei porösen oder rauen Flächen beidseitig aufzutragen. Was wegen seiner Dünnflüssigkeit leicht zu bewerkstelligen ist. Die zu verklebenden Teile sind unmittelbar darauf zusammenzufügen und zu fixieren. Bereits während des ersten Zusammenpressens spürt man, wie die Holzteile zusammenzukleben beginnen. Nach rund 30 Minuten ist eine bereits sehr stabile Verklebung erreicht. Sie steht hochwertigen Leim-Verklebungen um nichts nach.

Der Uhu Por ist ein naher Verwandter des eben beschriebenen Klebstoffs. Seine Stärke liegt aber im Kleben von Hartschaum und Styropor. Immerhin ist auf seiner Tube auch angeführt, dass mit ihm auch Holz, Textilien und so weiter geklebt werden können. Uhu Por ist laut Hersteller beidseitig aufzutragen. Vor dem Verkleben ist eine Ablüftzeit von rund 10 Minuten einzuhalten, bis der Klebstoff berührtrocken ist. Anschließend sind beide Stücke kurz fest zusammenzupressen. Eine Lagekorrektur der zu verklebenden Teile ist nicht mehr möglich. Auch Uhu Por verklebt Holz gut. Allerdings mit etwas flexiblerer ausgehärteter Klebestelle. Damit können, sofern erforderlich, bei weiteren Bauschritten leichte Lagekorrekturen „zurechtgebogen" werden.

Der Pattex Multi ist ebenfalls den Allesklebern zuzurechnen. Er ist auch für Holz geeignet. Der etwas zähflüssige, tropffeste Klebstoff braucht nur an einer der beiden zu klebenden Oberflächen aufgetragen zu werden. Unmittelbar danach sind die Teile kurz zusammenzupressen und zu fixieren. Innerhalb einer halben Stunde wird bereits eine hohe Aushärtung, und somit eine feste, stabile Verbindung zwischen den geklebten Holzteilen erreicht.

Kleine Auswahl an, im weiteren Sinne, Universalklebern

Der Uhu Allplast ist eigentlich ein Kunststoffkleber. Er eignet sich aber auch sehr gut für Holz

Mit dem Uhu Por werden flexible Holzverklebungen erreicht

Der Pattex Multi ist ein Alleskleber, mit dem sich beinahe alle Materialien miteinander verbinden lassen

Dank seiner Tropffestigkeit lässt er sich gut auftragen

Kleberraupe des Pattex Multi

Kunststoffkleber

Der Contacta Liquid von Revell ist ein klassischer dünnflüssiger Kunststoffkleber, wie er unter Anderem zum Zusammenkleben von Modellbahn-Häuschen Verwendung findet. Eine Eignung zum Holzkleben wird ihm nicht nachgesagt. Also Grund genug, es dennoch zu versuchen.

Bereits beim Auftragen des Klebers fällt auf, dass er sich sofort zu verflüchtigen scheint, indem er sich in die Holzporen zurückzieht. Dennoch füge ich beide Holzteile zusammen und lasse die Klebung unter Druck

Der Contacta Liquid ist ein typischer Kunststoffkleber

Wird er auf Holz aufgetragen, meint man, dass er sich sofort in den Holzporen verflüchtigt

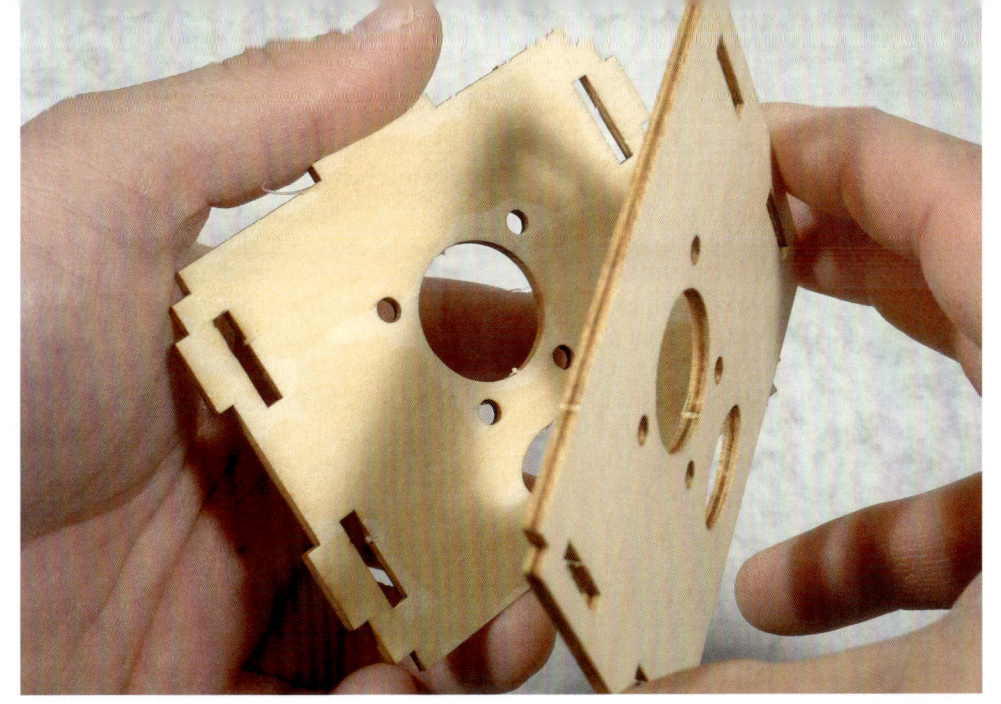

Nach einer Stunde Klebezeit fallen die beiden Teile auseinander, als seien sie nie in Kontakt mit Klebstoff gekommen

Auf den Klebeflächen lässt sich auch nichts mehr vom Kunststoffkleber fühlen

für eine Stunde aushärten. Umsonst. Denn bei der anschließenden Festigkeitsprüfung ist nicht einmal die Spur einer beginnenden Verklebung festzustellen. Beide Teile lassen sich so voneinander lösen, als hätten sie nie Bekanntschaft mit einem Klebstoff gemacht.

Weitere Kunststoffkleber

Als zweiter Kunststoffkleber muss sich der Revell Contacta an Holz bewähren. Laut Angaben ist er nur für Kunststoffe geeignet. Dass dem tatsächlich so ist, beweist eine Versuchsklebung. Bei ihr ist es nicht gelungen, auch nur einen Hauch von „da beginnt etwas zu kleben" festzustellen. Selbst nach 45 Minuten ließen sich die zu klebenden Stücke ohne Weiteres voneinander lösen. Der Klebstoff begann währenddessen nicht einmal auszuhärten und blieb beinahe genauso flüssig, wie frisch aus der Tube.

Auch der Contacta Professional von Revell eignet sich nicht für Holzverklebungen. Bei ihm gewinnt man den Eindruck, dass sich der Klebstoff verflüchtigt, bevor er an Holz zu wirken beginnen kann. Womit auch keine Verklebung erfolgt. Dies ist letztlich aber auch egal. Schließlich ist der Contacta Professional für sehr feine Kunststoffklebungen vorgesehen. Auch hier erweisen sich Leime einmal mehr als die bessere Wahl.

Mit dem Revell Contacta lässt sich definitiv kein Holz kleben. Dafür ist er auch nicht vorgesehen

Der Contacta Professional von Revell ist für sehr feine Kunststoffklebungen vorgesehen. Damit ist er alleine von seiner Konzeption bei Holz fehl am Platz

Sekundenkleber

Der Sekundenkleber Typ SF 5 von R&G wird unter anderem auch für Holz angepriesen. Da auch er sehr dünnflüssig ist, meint man ebenfalls zusehen zu können, wie der Klebstoff vom Holz aufgesaugt wird. Ein prüfendes Antupfen der bereits eingestrichenen Klebefläche verrät aber die hohe Haftkraft. Nachdem die beiden Teile zusammengefügt wurden, sind sie fest zusammenzupressen. Es genügen sehr kurze Aushärtezeiten. Bereits nach wenigen Minuten sieht man sich mit einer äußerst festen und widerstandsfähigen Verbindung konfrontiert. Womit der Sekundenkleber seine Holz-Eignung unter Beweis gestellt hat.

Dennoch wird Sekundenkleber kaum der Standardkleber für Holzarbeiten im RC-Modellbau sein. Trotz seiner guten Klebeleistungen und geringen Wartezeiten vor den nächsten Arbeitsschritten bietet sich Leim als ungleich preiswertere Alternative an. Ihre Berechtigung haben aber holzgeeignete Sekundenkleber, wenn es darum geht, schnelle Reparaturen auszuführen.

Der Sekundenkleber wird sehr schnell vom Holz aufgesaugt. Dennoch schadet dies der hohen Haftkraft nicht

Sekundenkleber können auch für Holzklebungen geeignet sein

Sekundenkleber 2

Mit dem Beli-Ca Ultra von Adhesionstechnics habe ich auch einen zweiten Sekundenkleber am Holz getestet. Vom Hersteller wird dieser Kleber als Schnellklebstoff angepriesen. In seinen technischen Daten wird eine Eignung für Holz zwar nicht direkt angeführt. Unter „porösen und saugenden Werkstoffen" könnte man es aber durchaus verstehen.

Also wird etwas von dem dünnflüssigen Schnellklebstoff auf ein Holzteil aufgetragen und dieses sofort auf ein zweites unter Druckeinwirkung gesetzt. Bereits nach wenigen Sekunden spürt man, dass hier bereits eine feste Verbindung geschaffen wurde. Sie findet man auch nach einer halben Stunde vor. Leider in extrem starrer Form ohne jegliche Flexibilität. So gelingt es nach erster diagonal einwirkender Kraft, den bereits

Der Beli-Ca Ultra ist ein weiterer Sekundenkleber. Seine Eignung für Holz wird nicht direkt angeführt

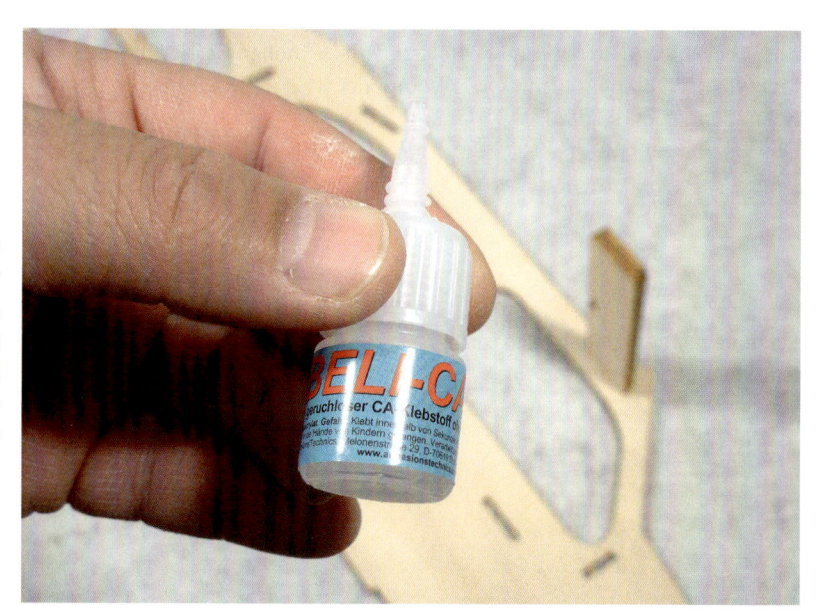

Auftragen des Schnellklebers

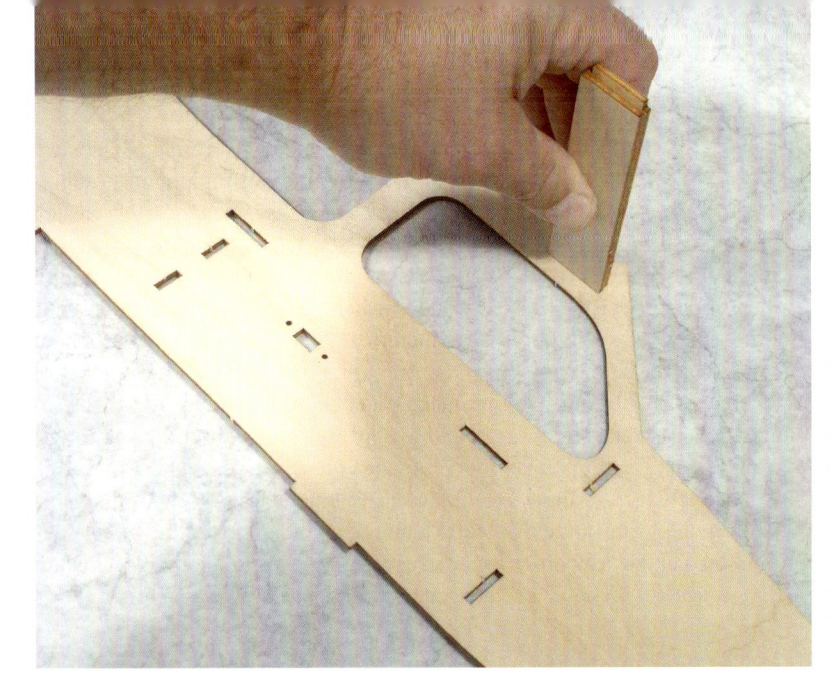

Bereits wenige Sekunden nachdem das zu klebende Holzstück in die vorbereitete Nut gesteckt wurde, spürt man die hohe Haftkraft des Klebers

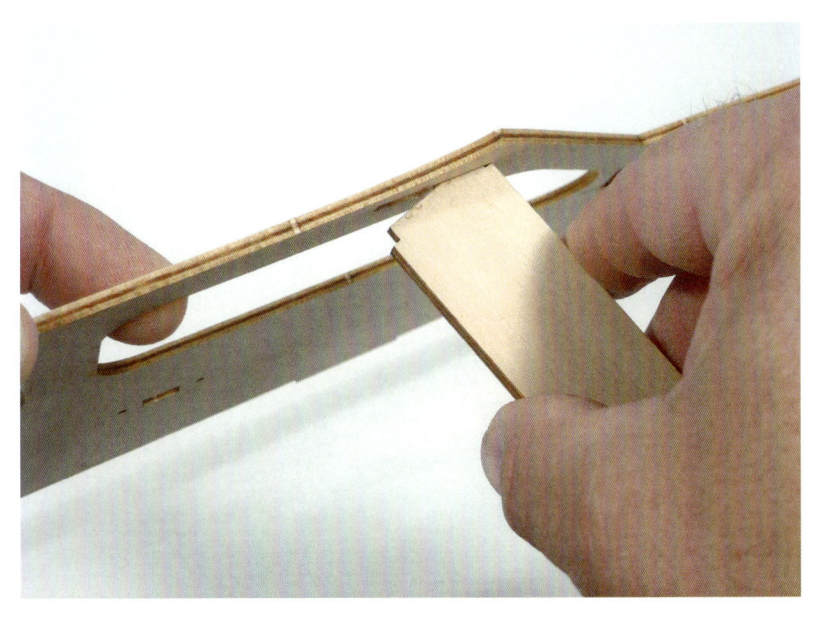

Der Kleber trocknet in etwa glasfest aus und bricht bei mechanischer Belastung ziemlich schnell auf. Womit sich das geklebte Teil wieder relativ leicht lösen lässt

getrockneten Klebstoff aufzubrechen. Womit sich das eben angeklebte Teil lockert und schließlich ganz gelöst werden kann. Obwohl der Beli-Ca Ultra grundsätzlich Holz gut klebt, mag er es nicht, wenn seine Klebestellen mechanisch belastet werden. Womit er kaum die richtige Wahl für RC-Modelle darstellt. Die Gefahr, dass bei entsprechender Belastung sich wichtige Verbindungen einfach lösen könnten, birgt doch ein unkalkulierbares Risiko für in Betrieb befindliche Modelle.

Kontaktkleber

Der Beli-Contact Kontakt-Klebstoff ist laut Aufdruck universell, also auch für Holz, verwendbar. Der Klebstoff ist auf beide Oberflächen aufzutragen. In der Praxis erweist sich dies wegen seiner Zähflüssigkeit als eine eher anspruchsvolle Tätigkeit. Auch deshalb, weil meist etwas zu viel Kleber aus der Tube quillt.

Nach dem Auftragen des Kontakt-Klebstoffs ist dieser für rund 1 bis 3 Minuten ablüften zu lassen, bis der Klebstoff berührtrocken ist. Anschließend genügt ein kurzes kräftiges Zusammenpressen der zu klebenden Teile.

Mit dem Beli-Contact Kontakt-Klebstoff werden hochflexible Verbindungen geschaffen. Dabei kommt es zwar zu einer festen Verklebung. Der Klebstoff bleibt aber äußerst weich und erinnert etwas an Gummi. Damit lässt sich das geklebte Stück durchaus in größerem Rahmen bewegen. Letztlich ist es auch möglich, die Verbindung wieder zu trennen. Was bei üblicher mechanischer Einwirkung, zum Beispiel während eines Flugs, jedoch nicht von selbst geschehen kann. Ich sehe das Einsatzgebiet des Beli-Contact bei Holzklebungen vor allem dann, wenn keine starre Verbindung und auch kein glashart ausgehärteter Klebstoff gewünscht sind.

Der Beli-Contact Kontakt-Klebstoff ist auch für Holz geeignet. Zuerst ist der zähflüssige Kleber aufzutragen

Vor dem Zusammenfügen der Teile muss der Kleber 1 bis 3 Minuten antrocknen, bis er berührungsfest ist

Die Klebestellen sind kurz kräftig zusammenzupressen. Der Beli-Contact Kontakt-Klebstoff sorgt für eine hochflexible Verbindung

Konstruktionsklebstoff

Der Beli-Zell Konstruktionsklebstoff ist laut Aufschrift für alle üblichen Werkstoffe geeignet. Also auch für Holz? Erst das Internet verrät, dass er auch für Hölzer und Sperrholz geeignet sein soll. Der nicht übermäßig dünnflüssige Klebstoff lässt sich leicht auf die Oberfläche im gewünschten Ausmaß auftragen. Nachdem die beiden Holzteile zusammengefügt wurden, meint man jedoch, so ganz und gar nichts von einer beginnenden Klebung wahrzunehmen. Hier sind gutes Fixieren und festes Zusammenpressen dringend gefordert. Ansonsten könnten die zu klebenden Stücke bereits wieder voneinander fallen, bevor der Klebstoff seine Wirkung entfaltet. Diese kommt erst relativ spät nach 10 Minuten. Bis dahin meint man, der Klebstoff sei doch nicht für Holz geeignet. Mit dem Aushärten und Abtrocknen entfaltet der Beli-Zell Konstruktionsklebstoff eine besondere Eigenschaft. Er verfärbt sich weiß und quillt etwas auf. Damit erscheint ein dünner Klebstofffilm nach der Austrocknung als gut sichtbarer, heller, großer Wulst. Immerhin hält die Verbindung. Der ausgehärtete Kleber ist jedoch ziemlich weich und erlaubt trotz an und für sich guter Verklebung das Bewegen der verbundenen Teile im größeren Rahmen.

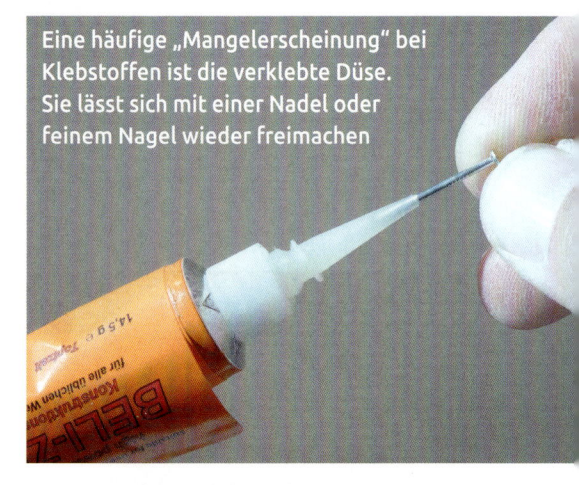

Eine häufige „Mangelerscheinung" bei Klebstoffen ist die verklebte Düse. Sie lässt sich mit einer Nadel oder feinem Nagel wieder freimachen

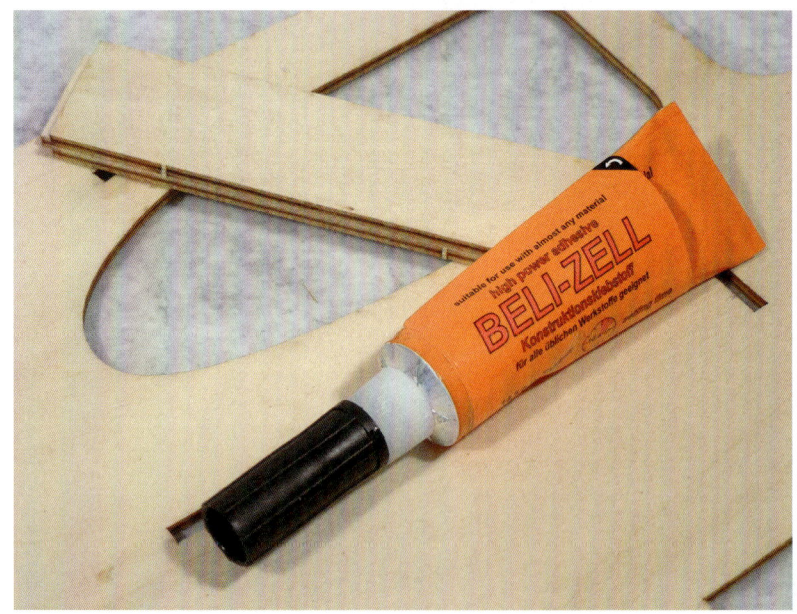

Der Beli-Zell Konstruktionsklebstoff ist laut Aufschrift für alle üblichen Werkstoffe geeignet. Also auch für Holz?

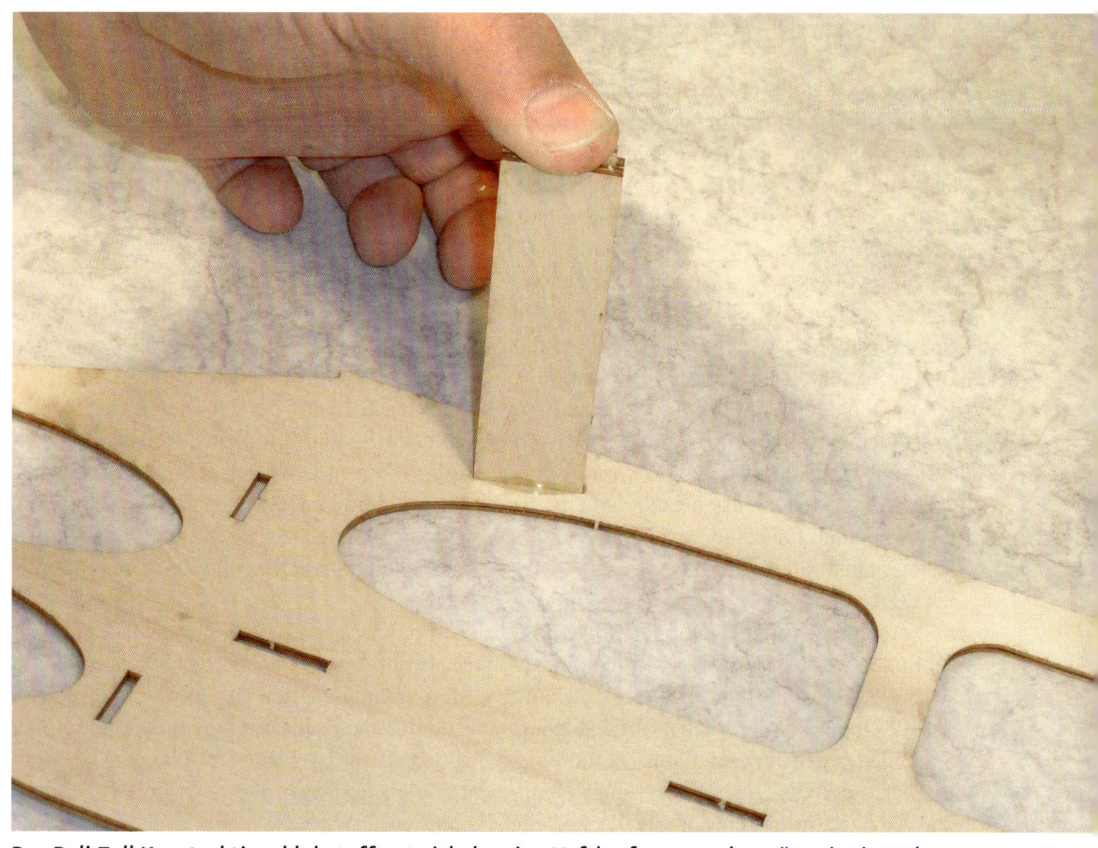

Der Beli-Zell Konstruktionsklebstoff entwickelt seine Haftkraft erst recht spät. Mit einem kurzen Zusammenpressen ist es hier nicht getan

Während der Trocknung quillt der Beli-Zell Konstruktionsklebstoff auf und verfärbt sich weiß. Es wird eine gute, aber nicht immer erwünschte hochflexible Klebung erreicht

Zweikomponentenkleber

Zweikomponentenklebern sagt man allgemein eine hohe Haftkraft nach. Was jedoch nur zutrifft, wenn mit ihnen Materialien verklebt werden, für die sie auch geeignet sind. Zunächst teste ich den 5 Min. Epoxy von R&G an Holz.

Gleich vorweg: Der erste Versuch war gescheitert. Die Ursache lag im nicht mehr neuen Kleber. Nach seinem ersten Einsatz hatte er nicht nur die Mischdüse verklebt, sondern auch den Bereich, in dem eine neue Düse auf die Doppelspritze aufgesetzt werden kann. Unbemerkt gelangte so nur Harz an die Arbeitsstelle. Dass diese nicht aushärten und so auch für keine Verklebung sorgen konnte, liegt auf der Hand.

Die Düse musste noch einmal von der zweikomponentenkleber-Doppelspritze abgenommen werden. In Folge wurden die Kanäle zur Kleber- und Härterflüssigkeitskammer mit einem kleinen Nagel aufgestochen. So ist wieder gewährleistet, dass beide Flüssigkeiten durch die Düse fließen und sich unmittelbar vor Auftragen auf die Klebestelle vermischen. So steht einem zweiten Klebeversuch nichts im Wege. Diesmal verläuft er äußerst erfolgreich. Innerhalb einer halben Stunde wird eine feste, äußerst stabile Verbindung geschaffen. Sie stellt den Idealfall dar, wie man sich eine perfekte Holzverklebung vorstellt.

Als zweiten Zweikomponentenkleber teste ich den 2K-Kleber Stabilit Express von Pattex. Bei ihm sind zunächst Kleber und Härterpulver in einer Schale in der benötigten Menge anzumischen. Anschließend ist der 2K-Klebstoff mit der im Lieferumfang enthaltenen Spachtel auf die Klebestelle beidseitig dünn aufzutragen. Da der Kleber nur wenige Minuten benötigt, um auszuhärten, ist hier schnelles Arbeiten gefordert. Die frische Klebung ist für rund 20 Minuten zu fixieren.

In der Praxis ist nach dieser Zeit eine bereits unerwartet hohe Festigkeit erreicht. Man meint, es bei den beiden verklebten Komponenten mit nur einem einzigen Stück zu tun zu haben. Damit erfüllt diese Klebung die höchsten Anforderungen im RC-Modellbau.

Holz lässt sich mit dem 5 Min. Epoxy von R&S bestens kleben

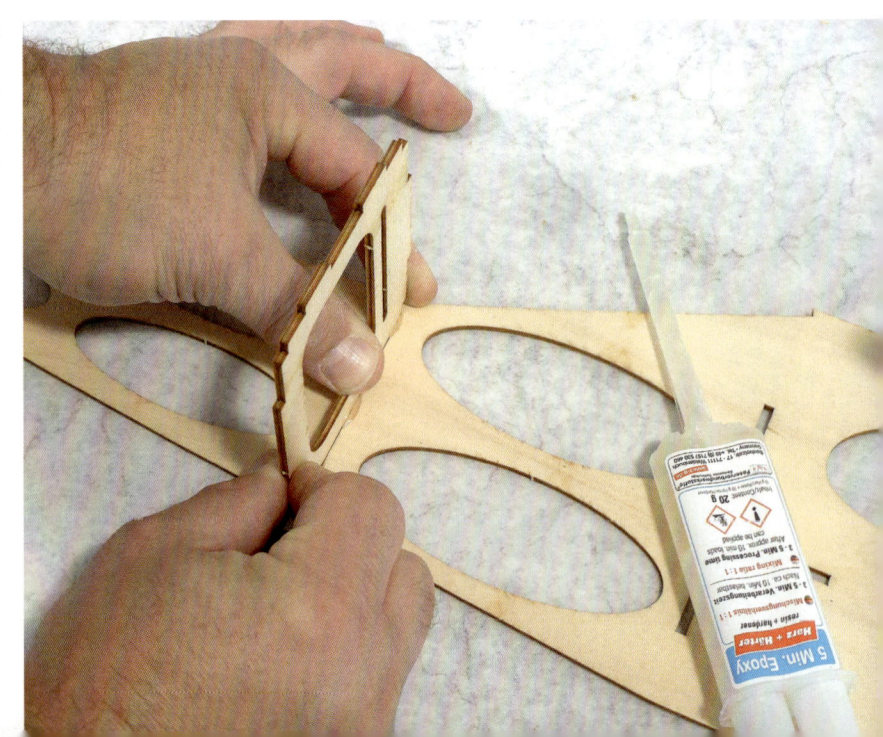

Vor dem Kleben ist der 2K-Kleber Stabilit Express von Pattex erst in der gewünschten Menge anzumischen und gut zu verrühren

Der Zweikomponentenklebstoff ist mit einem kleinen Spachtel auf die Klebestelle aufzutragen

Kleben mit der Heißklebepistole

Beim Kleben von Holz mit der Heißklebepistole bestimmt der verwendete Klebestift über das Gelingen einer Klebung. Meist kommen Mehrzweck-Klebestifte zum Einsatz, die von Kunststoffen über Holz und Textilien so ziemlich alles miteinander verkleben, was sich überhaupt verkleben lässt. Daneben werden auch spezielle Holz-Klebestifte angeboten, die speziell für dieses Einsatzgebiet optimiert sind. Sie können auch gelblich eingefärbt sein, um eine unauffälligere Klebung zu schaffen.

Für feine Holzklebungen ist die Heißklebepistole nur bedingt geeignet. Es sei denn, diese ist mit einer sehr feinen Düse ausgestattet, die das Aufbringen sehr geringer Klebstoffmengen zulässt. Eine Klebestelle erst einmal mit Heißkleber zu benetzen und dann erst mit dem zu klebenden Teil zusammenfügen, dürfte nur bedingt gelingen. Denn der Kleber kühlt sehr schnell aus und wird dabei zäh und hart. Wartet man zu lange, lassen sich die zu klebenden Stücke erst gar nicht mehr so wie gewünscht zusammenfügen.

Als Alternative bietet sich an, beide Holzteile bereits im Vorfeld in ihre endgültige Lage einzurichten und zu fixieren. Anschlie-

Die Heißklebepistole ist für Holzbasteleien überaus beliebt. Keine Frage, dass sie sich auch für den RC-Modellbau anbietet.

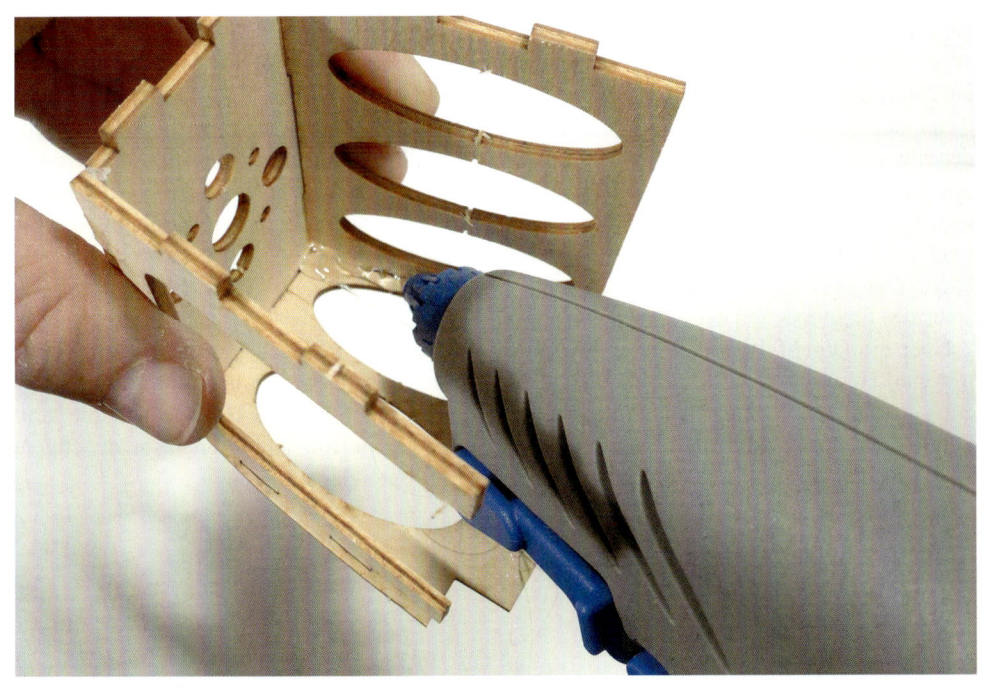

Auftragen der Kleberaupe

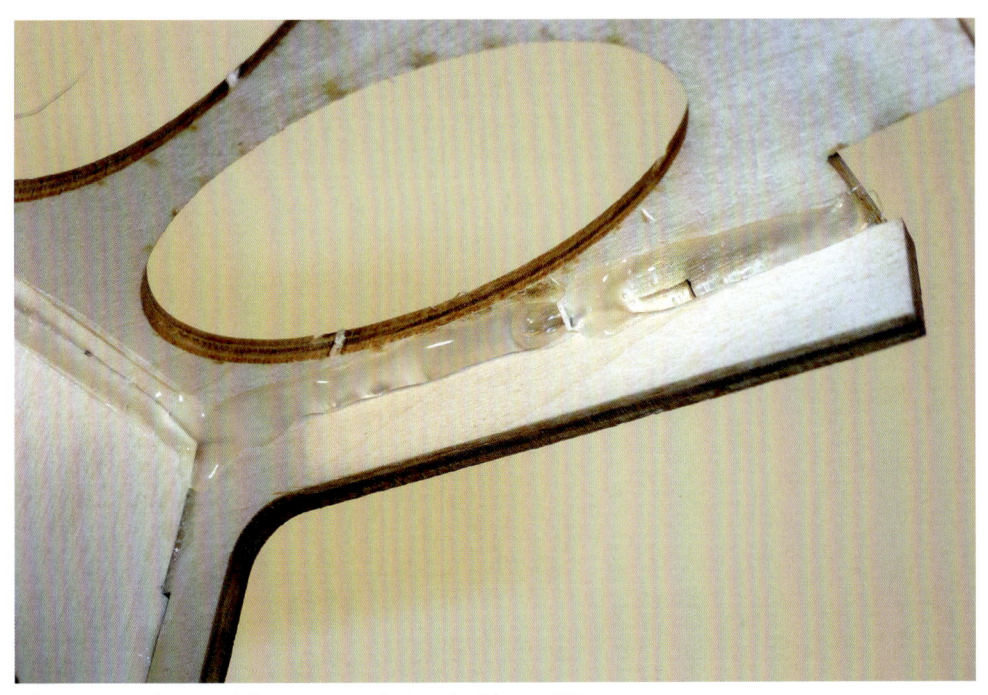

Die ausgetrocknete Kleberaupe erscheint glasklar und fest

ßend wird die Kleberraupe an der Stoßstelle außen aufgetragen. Womit genau genommen eine seitliche Klebung erfolgt. Unangenehm dabei kann auch sein, dass die Kleberraupe jedenfalls sichtbar bleibt. Deshalb gilt es gut zu überlegen, wo das Arbeiten mit der Heißklebepistole sinnvoll und ohne optische Beeinträchtigungen für das Modell vonstattengehen kann. Was am ehesten im Inneren zum Beispiel von Flugmodellen der Fall sein wird.

Über die Durchführbarkeit einer Klebung mit der Heißklebepistole entscheidet aber auch die Zugänglichkeit der Klebestellen. Schließlich muss genügend Platz vorhanden sein, um die Düse der Heißklebepistole im gesamten Bereich der beabsichtigten Klebung ansetzen zu können, um eine Kleberraupe zu ziehen.

Obwohl der geschmolzene Kleber sehr schnell abkühlt, muss man ihm doch genügend Zeit geben, um vollständig auszuhärten, was bei größeren Holzklebungen ohne Weiteres an die 2 Stunden sein können. Die abgetrocknete Raupe erscheint, beim Einsatz ungefärbter Klebestifte, glasig durchsichtig. Immerhin wird auch mit einer seitlich aufgezogenen Raupe ein hohes Maß an Festigkeit erreicht, die die Heißklebepistole zum Kleben von Holz ohne weiteres in die engere Wahl treten lässt.

Kleberreste entfernen

Noch einmal zurück zu den gewaltsam vom Rumpf entfernten Tragflächen. Auf beiden Teilen haften noch beträchtliche Mengen an ausgehärtetem Kleber. Am Rumpf finden sich zudem noch alle aus den Tragflächen ausgerissenen Schaumstoffteile. Damit findet man eine denkbar schlechte Ausgangsbasis vor, um beide Komponenten wieder miteinander verkleben zu können. Die Klebstoffreste müssen weg. Aber wie?

Geheimwaffe Hitze

Viele Klebstoffe sind nur bedingt hitzebeständig. Was freilich nicht heißt, dass sich ein zusammengeklebtes Modell von selbst in der Sommerhitze in seine Einzelteile auflöst. Um überschüssigen Klebstoff erfolgreich zu beseitigen, braucht es mehr Wärmeenergie.

Variante 1: Wasser

Lässt man heißes Wasser auf den Arbeitsbereich rinnen, beginnt sich der Klebstoff allmählich aufzuweichen. Voraussetzung dafür ist aber, dass das Wasser so heiß ist, dass man darin gerade noch mit den Händen unbeschadet hantieren kann. Um die 50°C sollten es aber jedenfalls sein. Mit vorsichtigem Reiben mit den Fingern lassen sich so kleine Klebstoffkügelchen drehen, die sich relativ leicht abheben lassen. Zum Teil lässt sich der aufgeweichte Kleber auch einfach mit den Fingern abziehen. Auf diese Weise ist es innerhalb weniger Minuten gelungen, alle Klebstoff- und Materialreste der Tragflächen zu entfernen. Womit eine wieder so gut wie perfekte Oberfläche für einen neuen Klebeversuch geschaffen wurde. Bevor man wieder kleben kann, muss das nasse Teil wieder vollständig getrocknet sein. Ideal dafür ist eine mehrstündige Lufttrocknung in einem warmen Raum.

Unter heißem Wasser wird der Zweikomponentenkleber wieder soweit aufgeweicht, dass er sich mit den Fingern wegreiben lässt

Entfernte Klebstoffreste vom Rumpf

Der Rumpf ist nun wieder fast wie neu und kann, im Gegensatz zu den noch nicht gereinigten Tragflächen, wieder neu verklebt werden

Variante 2: Hitze

Klassische Glühlampen wurden von der EU wegen ihrer geringen Lichtausbeute längst verteufelt und den bereits wesentlich effizienteren Halogenstrahlern, so wie sie nach wie vor in vielen Baustellen-Scheinwerfern zu finden sind, wird es wohl auch nicht mehr ewig geben. Dennoch können wir uns im Modellbau die Eigenschaft beider Lampentypen, für so richtig viel Hitze in deren Nahbereich zu sorgen, erfolgreich zunutze machen. Dazu hält man den Bereich unseres Modells, von dem überschüssiger Kleber entfernt werden soll, mit etwa 20 cm Abstand zur eingeschalteten Lampe. Sofort merkt man an den Händen, dass es hier so richtig heiß ist! Dem entsprechend genügen sehr kurze „Aufheizzeiten" um den Kleber wieder zähflüssig werden zu lassen. Bereits nach rund 15 Sekunden kann es so weit sein. Entweder lässt sich der Klebstoff nun auch hier durch behutsames Reiben wieder zu Kügelchen formen oder er lässt sich gleich im Ganzen abziehen. Wenn man merkt, dass der Kleber wieder mit seiner Abkühlung erstarrt, braucht der Arbeitsbereich an der Lampe nur wieder erhitzt zu werden. Was wiederum nur wenige Sekunden dauert. Diese Methode ist auch deshalb interessant, weil man sich damit die anschließende Trocknung der gereinigten Komponenten erspart und gleich mit der neuen Klebung beginnen kann.

Mit der Hitze einer klassischen Glühlampe oder hier eines Halogenstrahlers, wird überschüssiger Klebstoff sehr schnell wieder aufgeweicht ...

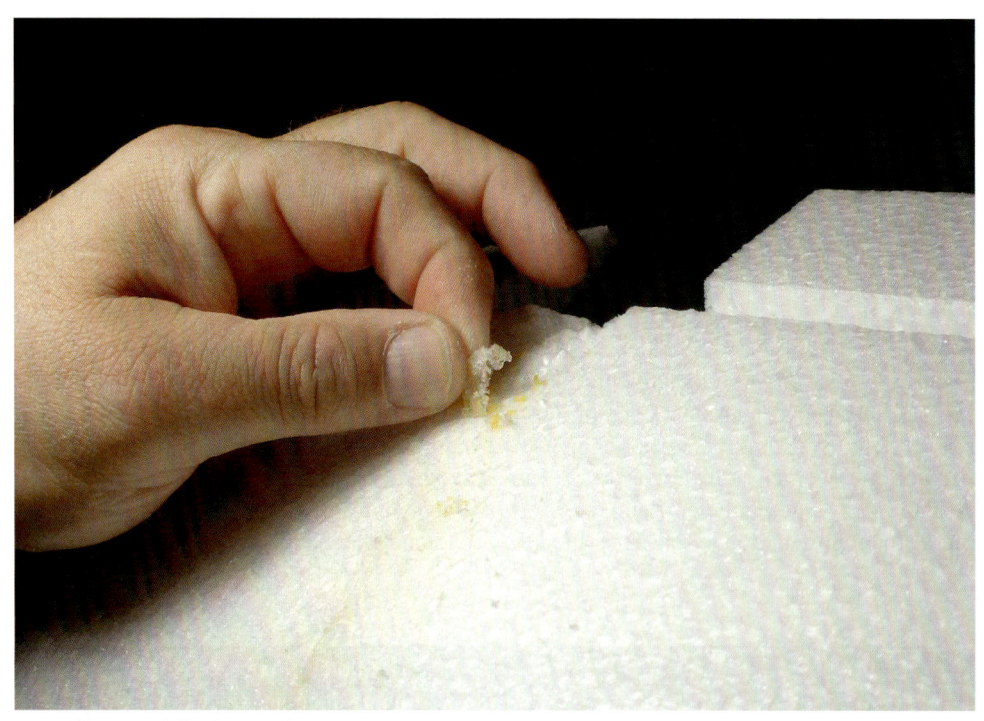

... und lässt sich leicht mit den Fingern lösen

Vorsicht!

Egal ob Kleber unter heißem Wasser oder unter der Hitzeeinwirkung eines klassischen Beleuchtungskörpers gelöst wird: Beide Varianten tragen das Risiko, sich zu verbrennen in sich. Deshalb ist das Entfernen von Klebstoffresten nichts für zarte Kinderhände! Selbst als Erwachsener sollte man überlegt und mit Bedacht an diese Arbeit herangehen.

Haltbarkeit von Klebern

Ein Ablaufdatum, so wie von Lebensmitteln bekannt, gibt es bei Klebstoffen nicht. Dennoch kann ihre Haltbarkeit mitunter begrenzt sein. Entsprechende Hinweise kann man teilweise auf den Homepages der Kleber-Hersteller entnehmen. Aus ihnen ist zu entnehmen, dass Klebstoffe bevorzugt bei tiefen Temperaturen gelagert werden wollen. Wobei diese jedenfalls über dem Gefrierpunkt liegen müssen. Ideal scheinen Temperaturen von etwa +5 bis +6°C zu sein, die in Kühlschränken vorherrscht. Unter Kühlschranktemperatur kann die Lagerzeit bestimmter Klebstoffe (vor allem von Sekundenklebern) etwa 1 Jahr betragen. Bereits bei normaler Umgebungstemperatur kann die Lagerzeit erheblich herabgesetzt sein. Klebstoffe sind jedenfalls vor großer Erwärmung zu schützen. Darunter fällt nicht nur die Aufbewahrung direkt neben einem Heizkörper, sondern auch an Orten mit direkter Sonneneinstrahlung.

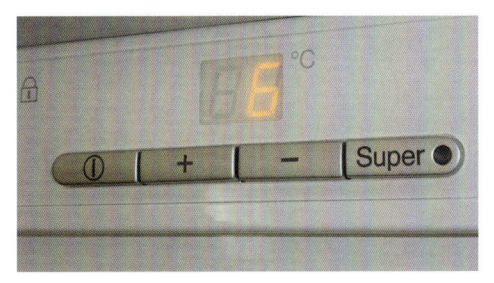

Bei Temperaturen von +5 bis +6° C ist ihre Haltbarkeit am längsten

Im Kühlschrank lassen sich Klebstoffe am besten aufbewahren

Direkte Sonneneinstrahlung oder die Lagerung direkt bei einem Heizkörper kann die Haltbarkeit eines Klebers erheblich reduzieren

Neu, gebraucht

Die Haltbarkeit vieler Klebstoffe wird auch davon bestimmt, ob sie schon einmal benutzt wurden oder noch nicht. Neue Klebstoffe kommen zum Teil in verschweißten Tuben. Womit sie ab Werk luftdicht verpackt sind. Somit beginnen sie erst mit Luftsauerstoff zu reagieren, nachdem das erste Mal mit ihnen gearbeitet wurde.

Anfällig für schnelles Aushärten in der Flasche oder Tube zeigen sich vor allem Sekunden- und Superkleber. Sie können, obwohl man meint, die Behältnisse gut verschlossen zu haben, bereits nach wenigen Monaten oder im Extremfall sogar nach nur Wochen, zu einem festen Klumpen gehärtet sein. Ein erstes Anzeichen für ein bereits stattfindendes Aushärten eines Klebers ist, wenn er sich nur noch sehr schwer aus der Tube pressen lässt oder nur noch zähflüssig ist.

Ein Universalmittel gegen das Aushärten von bereits geöffneten Tuben gibt es nicht. Grundsätzlich gibt aber auch hier, sie möglichst kühl zu lagern. Da bei tiefen Temperaturen der Bewegungs- und Verbindungsdrang von Atomen und Molekülen langsamer vor sich geht als unter Hitzeeinwirkung, lässt sich der Aushärteprozess zumindest etwas hinauszögern.

Problematisch ist grundsätzlich auch, wenn Spezialklebstoffe nur selten in geringen Mengen benötigt werden. Bei ihnen ist die Gefahr beim nächsten Mal einen nicht mehr funktionierenden Kleber zu haben, am größten. Hier spielt allerdings der Zeitfaktor eine Rolle. Denn man vergisst allzu leicht, dass die angebrochene Tube schon viel länger als ein Jahr ungenutzt herumsteht. Auch aus diesem Grund sollte man nicht zwingend zur extragroßen Klebertube greifen. Klebstoffe werden häufig in mehreren Füllmengen angeboten. Am besten greift man bei ihnen zu Tuben oder Flaschen in jener Größe, deren Inhalt man in absehbarer Zeit verbrauchen dürfte. Kleinere Tuben sind zwar in der

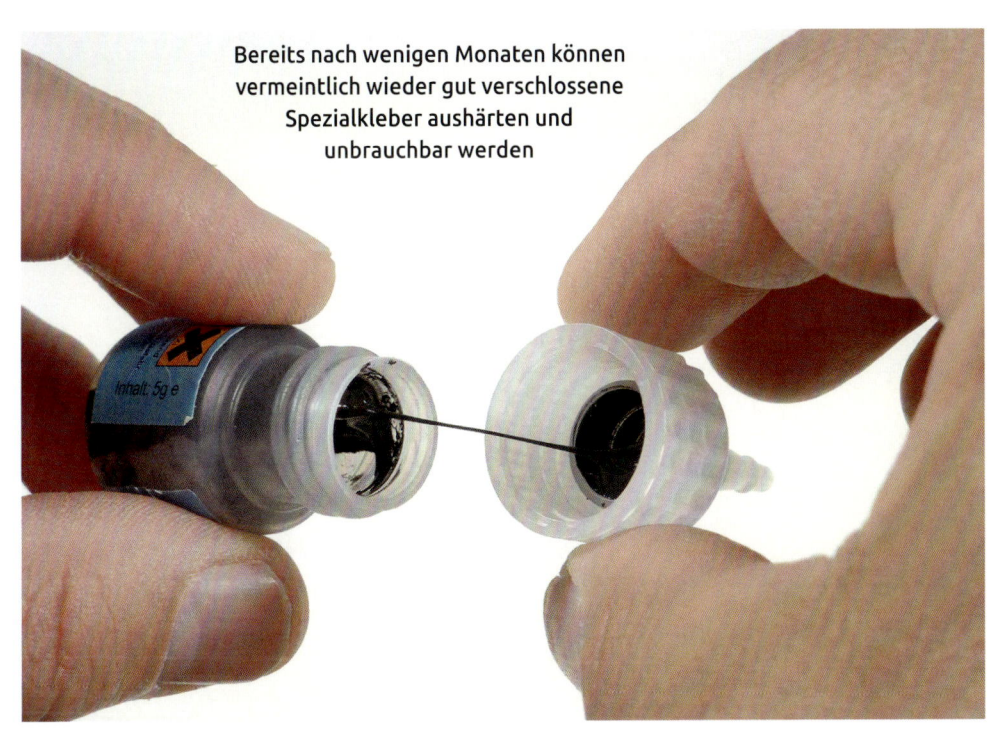

Bereits nach wenigen Monaten können vermeintlich wieder gut verschlossene Spezialkleber aushärten und unbrauchbar werden

Regel teurer als größere. Da man bei ihnen aber nicht so leicht Gefahr läuft, unbrauchbar gewordene Kleber entsorgen zu müssen, relativieren sich die Mehrkosten.

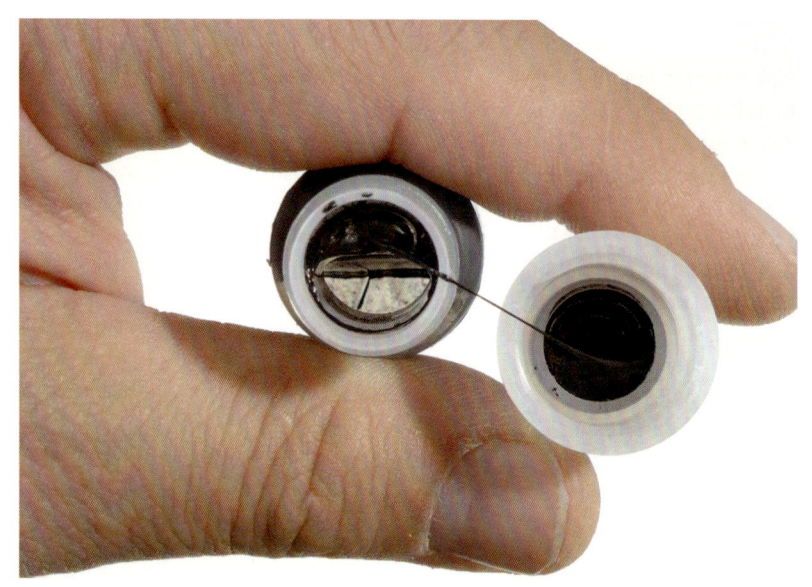

Bei diesem Beispiel hat sich in der Flasche ein Klumpen gebildet. Weshalb der Kleber nur noch fachgerecht zu entsorgen ist

Die Wahl des richtigen Klebstoffs

Welcher Klebstoff für eine Klebearbeit der richtige ist, wird von zahlreichen Faktoren beeinflusst. Zuerst stellt sich die Frage, ob ein Kleber auch für die zu verbindenden Materialien geeignet ist. Dabei geht es nicht nur darum, ob Teile miteinander verkleben, sondern auch, ob Materialien durch den Kleber zerstört werden. Was besonders beim Arbeiten mit Schaumstoffen ein mehr als relevantes Thema ist.

Weiter spielt die Beschaffenheit von Klebern eine Rolle. Dickflüssige eignen sich nur bedingt zum Kleben filigraner Teile. Gleiches trifft auch auf zähflüssige zu. Ihr primäres Einsatzgebiet liegt bei großflächigen Klebungen. Besonders dünnflüssige Klebstoffe füllen auch die feinsten Spalten aus und sorgen für festen Halt.

Klebstoffe verfolgen zudem verschiedene Philosophien, wie sie zwei Stoffe aneinander binden. Die Palette reicht von hochflexiblen Klebungen, bei denen sich Teile im weiten Rahmen bewegen lassen bis zu glashart austrocknenden Klebern, die keine Erschütterungen zulassen, da sie sonst brechen.

Ein weiteres Kriterium ist die Haftkraft. Sie kann gering genug sein, sodass sich geklebte Komponenten durchaus wieder lösen lassen. Andererseits kann sie auch so fest sein, dass geklebte Teile nicht ohne deren Zerstörung zu trennen sind.

Speziell für den Modellbau sind mittelfeste Verklebungen gefordert. Sie sollen einerseits eine stabile, dauerhafte Verbindung schaffen. Also im weiteren Sinne bereits richtig fest sein. Andererseits sollen sie auch mechanischen Beanspruchungen standhalten und eine lange Lebensdauer aufweisen. Besonders die letztgenannten Kriterien werden längst nicht von jedem Sekundenkleber erfüllt.

Letztlich kommt es darauf an, mit Testklebungen den optimalen Klebstoff zu finden. Welcher Kleber letztlich der ideale ist, wird nicht nur streng von technischen Daten bestimmt, sondern hat genauso viel mit Individualität zu tun. Schließlich fühlt man sich nicht mit jedem Kleber gleich wohl, wie etwa ein Hobby-Kollege.

Aktivatoren

Aktivatoren beschleunigen die Aushärtung von Sekunden- oder Schnellklebern auf Cyanacrylat-Basis. Sie werden als Sprays oder Stifte angeboten und kommen zur Anwendung, wenn Klebearbeiten unter nicht optimalen Umgebungsbedingungen, wie trockener Luft oder Kälte, vorgenommen werden sollen, bei denen die Kleber selbst nur unzureichende Klebeleistungen entfalten würden. Aktivatoren sind aber auch gefragt, wenn für eine Klebung eine hohe Klebstoffschichtstärke erforderlich ist. Zuletzt kann ein Aktivator auch gefragt sein, wenn inaktive Materialien verklebt werden sollen.

Ob oder welcher Aktivator benötigt wird, hängt vom verwendeten Klebstoff ab. Idealerweise greift man zu einem Aktivator des gleichen Herstellers, von dem auch der Kleber stammt. Weiter können Aktivatoren für verschiedene Klebearbeiten angeboten werden. Wie etwa solche, die speziell zum Kleben von Schaumstoffen ausgelegt sind. So kann man davon ausgehen, dass beide Stoffe optimal aufeinander abgestimmt sind und so eine perfekte Klebung erzielt wird.

Der Beli-CA Aktivator Spray sieht seine besondere Eignung zum Verbessern der Klebeleistung bei der Arbeit mit Schaumstoffen

Mit einem Aktivatorstift, wie dem Beli-CA von Adhesions Technics, lässt sich die Arbeitsstelle punktgenau behandeln

Arbeiten mit Aktivatoren

Der Aktivator wird auf einer der beiden Klebeflächen aufgetragen. Entweder großflächig mittels Spray oder punktgenau mit einem Aktivator-Stift. Anschließend lässt man den Aktivator abdunsten. Der Sekunden- oder Schnellkleber ist auf die nicht behandelte Oberfläche aufzutragen. Danach sind beide Teile schnell zusammenzufügen. Zuletzt muss der Klebstoff nur noch aushärten.

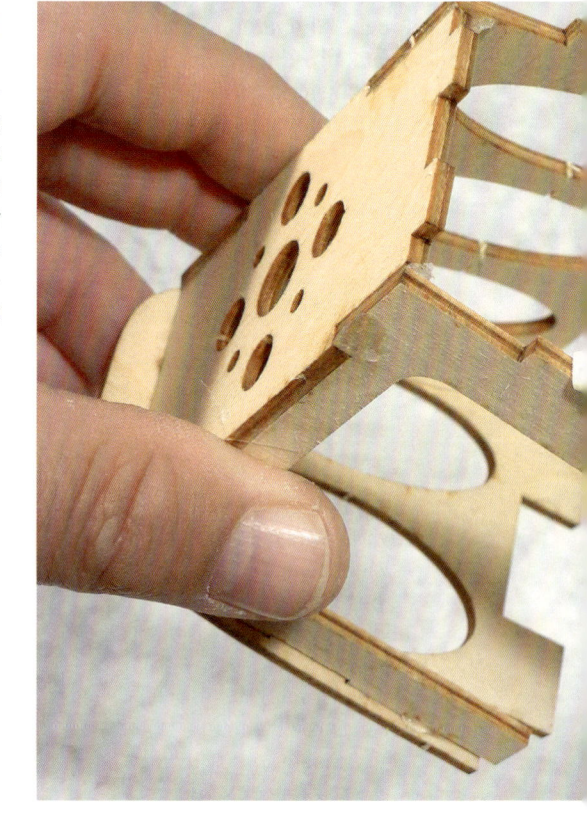

Mit dem Aktivator-Stift kann der Aktivator punktgenau aufgetragen werden. Was für kleine Klebungen optimal ist

Mit dem Aktivator-Spray werden primär großflächige Oberflächen vorbereitet. Zweiter Vorteil: Selbst bei kleinen Klebungen ist der Aktivator schnell per Spray aufgetragen

Grundsätzlich besteht auch die Möglichkeit, das Aktivator-Spray erst nach erfolgter Klebung zu verwenden. Dabei werden die sichtbaren Klebstoffreste an den Klebekanten besprüht. Bei dieser Behandlungsart kann der Aktivator nur an den Kleberändern wirken. Deshalb sollte von dieser Methode nur in Ausnahmefällen Gebrauch gemacht werden.

Wenn der Supergau eintritt

Was gibt es für den Modellbauer schlimmeres, als wenn sein Modell etwa durch eine unsanfte Landung Schaden nimmt. Dank moderner und hochflexibler Schaumstoffe passiert es zwar nur noch selten, dass etwas bricht. Gänzlich ausgeschlossen ist es jedoch nicht.

Gebrochene Teile, zum Beispiel eines Schaumstoff-Modellflugzeugs, bedeuten nicht zwangsläufig, dass es nun ein Fall für die Mülltonne ist. Es ist nicht einmal die zeitaufwendige und kostspielige Ersatzteilbeschaffung gefragt. Viele solcher Schäden lassen sich nämlich mit Klebstoffen aus der Welt schaffen. Wenn das Modell schon mit Klebern zusammengebaut wurde, warum sollen sie dann nicht auch bei Reparaturen wertvolle Hilfe leisten?

In diesem Kapitel gehen wir der Frage nach, welche Klebstoffe sich am ehesten für derlei Reparaturen anbieten. Wobei sich die Auswahl vorweg auf jene Kleber beschränkt, die auch für Schaumstoffe geeignet sind.

Worauf es ankommt

Bei Reparaturklebungen kommt es vor allem darauf an, dass alle gebrochenen Teile vorhanden sind. Was bei Schaumstoffen eine gewisse Herausforderung darstellen kann, da diese, unfachmännisch ausgesprochen, durchweg aus zahllosen zusammengeklebten, rund 1 bis 4 mm großen Kügelchen bestehen. Sie lassen sich an Bruchstellen leicht herauslösen. Deshalb sollten die gebrochenen Teile vor Klebebeginn auf ihre Vollständigkeit überprüft werden. In etwa, indem man die einzelnen Bruchstücke zusammenhält. Erst die Vollständigkeit gewährleistet eine zuverlässige Klebung.

Weiter wird für eine erfolgreiche Reparaturklebung vorausgesetzt, dass die zu verbindenden Teile sauber und fettfrei sind. Was grundsätzlich für alle Klebearbeiten zutrifft.

Versuch 1: 2K-Kleber

In unserem ersten Versuch soll eine gebrochene Pilotenkanzel geklebt werden. Dazu greife ich zum Zweikomponentenkleber 5 Min. Epoxy von R&G, der auch für Schaumstoffe geeignet ist. Was übrigens nicht für alle Zweikomponentenklebstoffe zutrifft.

Eines der beiden Bruchstücke wird mit 2K-Klebstoff bestrichen. Dabei ist es hier egal, wenn etwas zu viel erwischt wird. Beim anschließenden Zusammenpressen ist so sichergestellt, dass sich der Klebstoff innerhalb der gesamten Bruchfläche gleichmäßig verteilt. Was zu viel ist, quillt an den Seiten heraus und lässt sich wegwischen. Eine gute Zweikomponentenklebung setzt einerseits schnelles Arbeiten und weiter ein festes Zusammenpressen der zu klebenden Teile voraus. Was auch deshalb nicht unbedeutend ist, da Schaumstoff ja prinzipiell sehr weich ist und nachgibt. Beim Kleben mit einem 2K-Kleber kommt es nicht einmal so sehr darauf an, die Klebung langfristig zu fixieren. Bei diesem Versuch haben dafür wenige Minuten ausgereicht. Anschließend lässt man die geklebte Pilotenkanzel rund 2 Stunden ruhen.

Die Funktionskontrolle überzeugte voll und ganz. Der 5 Min. Epoxy Zweikomponentenkleber sorgte für eine wunschgemäße feste und dennoch flexible Verbindung. Beim Biegetest konnte die Kanzel problemlos um etwa 60 Grad gebogen und verdreht werden, ohne dass die Klebestelle Auflösungserscheinungen zeigte. Das trat auch nach mehreren Versuchen nicht auf. Als weiterer Pluspunkt ist die gute optische Wiederherstellung des Modells zu nennen. Die Klebung ist zwar nicht ganz unsichtbar, aber doch so gut wie.

Im ersten Versuch soll eine gebrochene Pilotenkanzel geklebt werden

Wichtig ist, dass noch alle gebrochenen Teile vorhanden sind

Was sich leicht durch Zusammenhalten der gebrochenen Stücke kontrollieren lässt

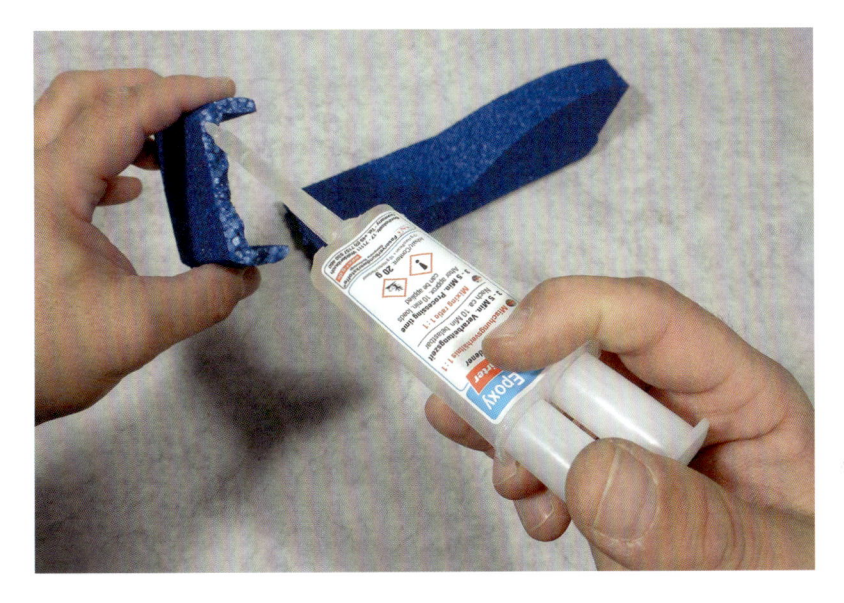

Der Zweikomponentenkleber wird auf einer Bruchstückseite aufgetragen

Anschließend sind beide Teile fest zusammenzupressen

151

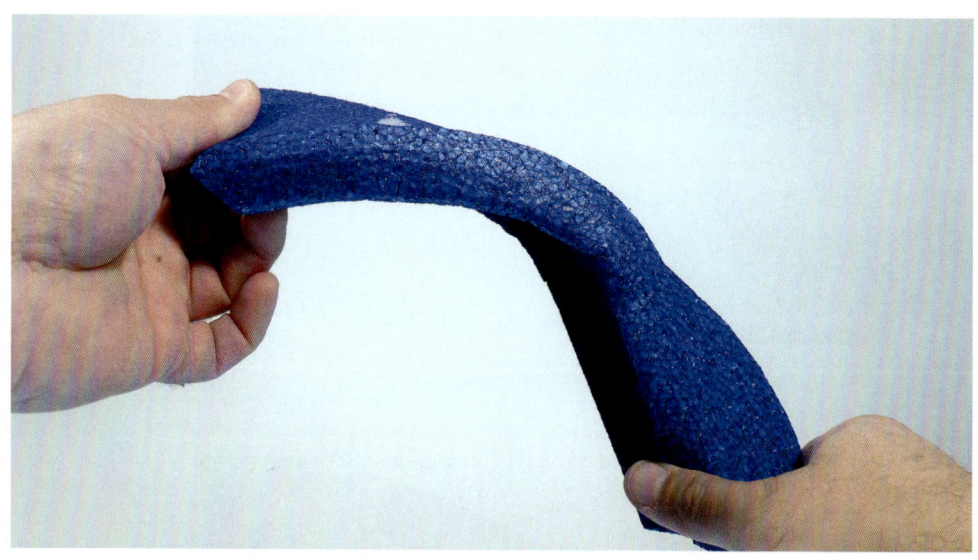

Wie der Biegetest beweist, ist bereits nach einer Stunde eine ausgezeichnete, strapazierfähige Verbindung entstanden

Versuch 2: Kontaktkleber

Für den zweiten Reparaturversuch habe ich den Rumpf des Modellflugzeugs auseinandergebrochen. Ihn will ich mit dem Kontakt-Klebstoff Beli-Contact von Adhesions Technics zusammenkleben. Dieser Klebstoff bietet sich vor allem wegen seiner Schaumstofftauglichkeit an. Im ersten Schritt sind beide Bruchflächen mit dem Beli-Contact dünn zu bestreichen. Was wegen seiner Zähflüssigkeit eine Herausforderung darstellen kann. Bevor beide Rumpfstücke zusammengepresst werden dürfen, muss der Klebstoff ablüften, bis er berührungsfest ist. Was etwa 1 bis 3 Minuten dauert. Anschließend sind auch hier beide Teile fest zusammenzupressen. Wie auch bei allen anderen Reparaturversuchen kommt es hier darauf an, beide Teile von Beginn an korrekt zusammenzufügen. Ein nachträgliches Ausrichten ist nicht möglich und würde den Klebefilm eher zerstören.

Dieser Klebstoff ist gelbbraun eingefärbt. Damit fällt er unangenehm auf, wenn überschüssige Reste während des Zusammenpressens an den Seiten herausquillen. Am besten wischt man ihn, so gut es geht, unmittelbar nach dem Herausquellen ab.

Der Beli-Contact Kontaktklebstoff braucht viel Zeit, um eine im gewünschten Ausmaß feste Klebung herzustellen. Erste Kontrollen nach 2 Stunden zeigen, dass der Klebstoff, dort wo er herausgequollen ist, längst noch nicht vollständig abgetrocknet ist. Seine Oberfläche fühlt sich noch leicht klebrig an. Der Rumpf lässt sich in diesem Stadium zwar schon mechanisch beanspruchen. Zu fest an ihm herumzureißen wage ich aber doch noch nicht, da ich befürchte, die Klebung doch noch auseinanderreißen zu können.

Erst nach rund 4 Stunden präsentiert sich die Klebung, so wie sie ich mir vorstelle. Der Klebstoff ist trocken und der Rumpf präsentiert sich in etwa wieder so, wie vor seiner Zerstörung. Sein Schaumstoff lässt sich zusammendrücken, biegen, drehen. Alles kein Problem. Auch hier ist eine perfekte Reparatur erreicht. Zumindest aus funktioneller Sicht. Optisch gefällt diese Klebung wegen des eingefärbten Klebers nicht ganz so gut. Hier ist noch etwas Zeit zu investieren, um ihn von den Kleberändern wieder weitgehend zu entfernen. Dann schaut auch hier das Flugzeug wieder so gut wie neu aus.

In Versuch 2 soll der gebrochene Flugzeugrumpf mit kleben repariert werden

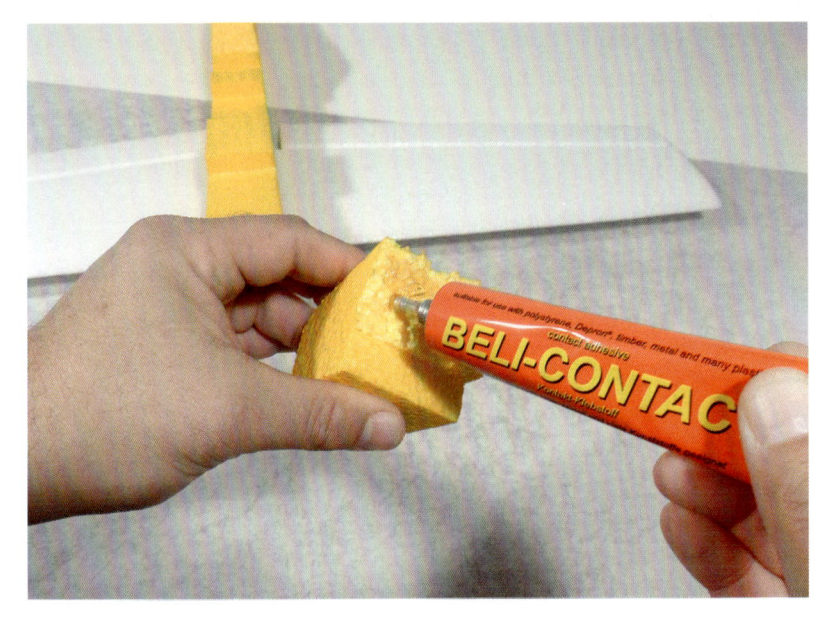

Dazu kommt Beli-Contact Kontakt-Klebstoff zum Einsatz

Er ist auf beide Oberflächen aufzutragen

Vor dem Verkleben muss der Kontaktkleber für 1 bis 3 Minuten ablüften, bis er berührungsfest ist

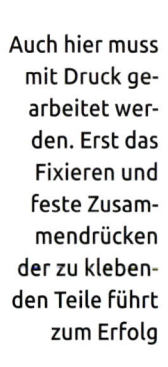

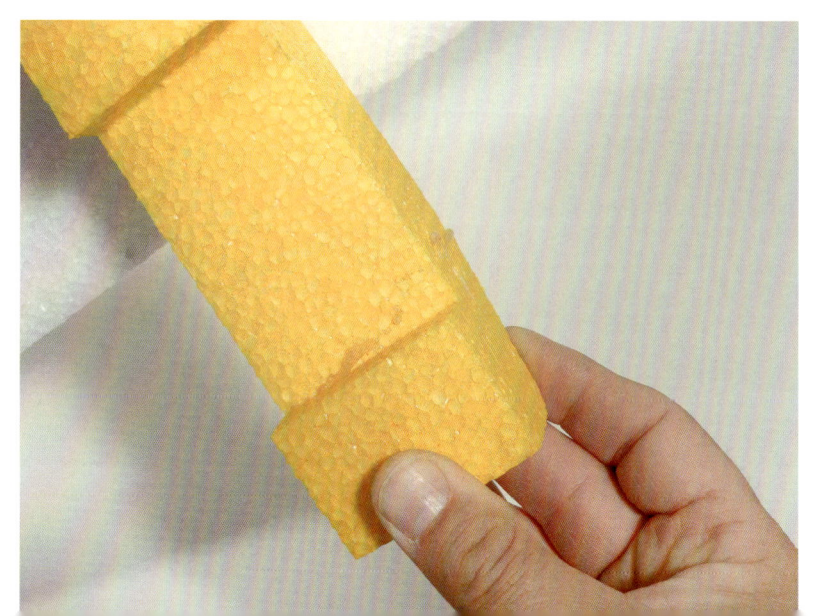

Auch hier muss mit Druck gearbeitet werden. Erst das Fixieren und feste Zusammendrücken der zu klebenden Teile führt zum Erfolg

Um eine feste Verbindung zu erreichen, braucht es einige Stunden. Dann ist an der Klebung aber nichts mehr auszusetzen

Versuch 3: Universalkleber

Universalkleber gibt es viele. Sie macht vor allem der Umstand interessant, dass man sie eher zu Hause antrifft, als Spezialkleber, die man vielleicht erst im Fachhandel besorgen muss. Universalkleber kleben zwar so gut wie alles. Aber kleben sie auch so gut, wie Spezialklebstoffe? Dieser Frage bin ich mit Uhu Por nachgegangen. Er ist kein echter Universalkleber, da er speziell für Schaumstoffe entwickelt wurde, sonst aber sehr wohl auch alles Mögliche klebt.

Im dritten Reparaturversuch soll ein gebrochenes Seitenruder geklebt werden. Uhu Por verlangt ein beidseitiges Auftragen und anschließendes Ablüften für die Dauer von etwa 10 Minuten.

Das fest zusammenpressen der zu klebenden Teile ist beim Uhu Por besonders wichtig, da er nur sehr langsam abtrocknet. Zudem neigt dieser Klebstoff zur flexiblen Klebefilmbildung. Womit sich die zusammengefügten Teile anfangs ohne äußeren Druck sehr leicht wieder voneinander lösen oder einfach schief Zusammenkleben.

Nach 2 Stunden zeigt ein Biegetest, dass das Seitenruder wohl wieder gut zusammengeklebt ist. Es lässt sich ohne Weiteres um 90 Grad verbiegen und federt wieder in die Ausgangsposition zurück. Genauso, wie man es vom noch nicht gebrochenen Ruder kannte. Obwohl bereits eine gute Haftkraft gepaart mit hoher Flexibilität erreicht wurde, fühlt sich der Klebstoff noch immer klebrig an. Was sich auch nach 4 Stunden nicht ändert. Damit muss man Uhu Por einfach noch mehr Zeit, frei nach dem Motto: „heute kleben, morgen freuen" geben. Dass aber auch dieser Klebstoff seine Tauglichkeit für Reparaturen an Schaumstoff-Modellen unter Beweis gestellt hat, steht außer Zweifel. Zuletzt punktet er auch mit seiner weitgehend unsichtbaren Klebung. Dem farblosen Klebstoff sei Dank.

Im dritten Test soll ein gebrochenes Seitenruder geklebt werden

Die gebrochenen Teile sind nun fest zusammenzudrücken und längerfristig zu fixieren

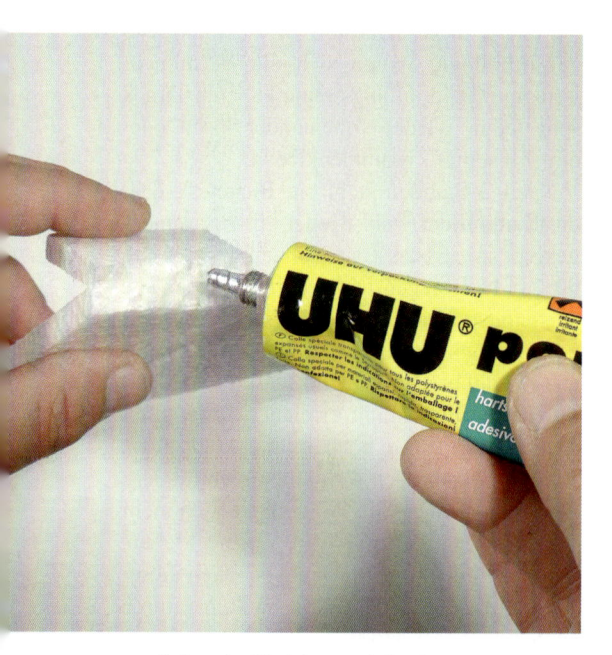

Zunächst sind beide Bruchflächen mit Uhu Por einzustreichen. Anschließend muss der Kleber 10 Minuten ablüften

Nach 2 Stunden ist bereits eine hohe Festigkeit erreicht. Noch 2 Stunden später lässt sich das Ruder bedenkenlos um 90 Grad verbiegen

Versuch 4: Heißkleben

Für den finalen Reparaturtest wurde der Rumpf ein weiteres Mal gebrochen. Diesmal muss die Heißklebepistole ihr Können unter Beweis stellen. Zum Einsatz kommen Universal-Klebestifte, die auch für Schaumstoff geeignet sind.

Die Heißklebepistole bietet sich für diese Reparatur auch an, weil hier eine große Fläche zu verkleben ist. Weiter lässt sich der flüssige, heiße Kleber sehr schnell auf die gesamte Oberfläche auftragen. Eile ist dennoch geboten, da der Kleber schnell auskühlt und damit seine Funktion beeinträchtigt wäre. Es genügt, nur eine der beiden Klebeflächen zu bestreichen. Sobald der Klebstoff aufgetragen ist, sind beide Teile fest zusammenzupressen. Herausquellender Kleber wird dabei am besten gleich von den Rändern abgewischt. Achtung, er kann noch ziemlich warm sein.

Während des Zusammenpressens bemerkt man bereits nach wenigen Sekunden, wie eine feste Verbindung entsteht. Es genügt, die Rumpfteile für wenige Minuten per Hand fest zusammenzudrücken. Danach reicht es, das Modell einfach hinzulegen und den Heißkleber seine Arbeit tun zu lassen. Was übrigens recht schnell von sich geht.

Dennoch haben ich auch dieser Klebevariante 2 Stunden vor dem ersten Belastungstest Zeit gelassen. Das Resultat ist verblüffend. Einmal, weil die Klebestelle so gut wie nicht sichtbar ist. Womit hier ein optisch sehr ansprechender Reparaturansatz gefunden wurde. Weit mehr beeindruckt aber, dass die Klebung selbst dem Einsatz roher Gewalt standhält. Der Rumpf lässt sich verdrehen und hochgradig so stark verbiegen, dass man beinahe schon Angst haben muss, dass der Rumpf an einer neuen Stelle bricht. Der Klebung ist das alles egal. Sie macht alle Spielchen mit, als sei nichts gewesen.

Für einen weiteren Reparaturversuch habe ich den Flugzeugrumpf ein weiteres Mal auseinandergebrochen

Diesmal wird der Rumpf mit der Heißklebepistole geklebt

Nun sind beide Teile fest zusammenzudrücken

Der geschmolzene Kleber wurde auf einer Bruchseite aufgetragen

Von der Klebestelle ist kaum etwas zu merken

Dieser Biegetest zeigt wohl mehr als anschaulich, wie exzellent die Heißklebe-Verbindung hält

Gewinner und Verlierer

Gleich vorweg. Einen Verlierer hat die Versuchsreihe nicht an den Tag gebracht. Alle vier getesteten Klebstoffe haben ihre Aufgabe zur Zufriedenheit gelöst. Weiter möchte ich an dieser Stelle betonen, dass es unzählige Kleber gibt, von denen einfach nur vier getestet wurden. Dies ist nicht zu dem Zweck geschehen, eine Bewertung abzugeben. Vielmehr sollte hier demonstriert werden, welche Möglichkeiten uns moderne Klebstoffe eröffnen.

Selbstverständlich sind Reparaturklebungen nicht auf Schaumstoff-Modelle beschränkt. Brüche kann es genauso bei Kunststoff- und Holzmodellen geben. Auch für sie gibt es geeignete Klebstoffe. Generell lässt sich feststellen, dass jene Kleber, die sich besonders gut zum Zusammenbauen eines Modells eignen, auch die erste Wahl für Reparaturen sind.

Bei den Tests haben ich die besten Erfahrungen mit der Heißklebepistole und dem Zweikomponentenkleber gemacht. An dritter und vierter Stelle sehe ich den Kontakt- und Universalkleber. Aber nicht, weil sie ihre Aufgabe weniger gut erledigt hätten. Sie brauchen nur deutlich länger um die volle Festigkeit zu erreichen. Während bei den erstgenannten Klebemethoden einem erneuten Flugeinsatz des Modells nach wenigen Stunden nichts im Wege steht, sollte man bei den anderen Klebstoffen mindestens einen halben Tag warten.

Tipps und Tricks rund ums Kleben

Wo gearbeitet wird, fallen Späne. Das trifft sinngemäß auch auf Klebearbeiten zu. Wohl jeder hat schon die Erfahrung gemacht, dass nach getaner Arbeit Kleber aller Art auch weit abseits der zu verklebenden Komponenten anzutreffen war. Manches ist nervig, wie Sekundenkleber auf der Haut, anderes stört, wie Kleberreste auf Werkstücken. Wie kann man sie effizient entfernen?

Neben dem „Reinigungsproblem" stellt sich immer wieder auch die Frage, wie sich schwierig zu verklebende Materialien dennoch verkleben lassen. Auch dafür gibt es manche Tricks aus der Zauberkiste.

Wie man Sekundenkleber von der Haut entfernt

Selbst wenn man beim Arbeiten mit Klebstoffen sorgsam umgeht, lässt es sich meist nicht vermeiden, dass etwas Kleber auf die Haut gelangt. Vorsicht ist dabei vor allem bei Sekundenklebern geboten, da sie nicht nur sehr schnell, sondern auch sehr gut kleben.

Befindet sich Sekundenkleber auf der Haut, empfiehlt sich das Reinigen der betroffenen Hautfläche mit warmer Seifenlauge. Als vorbeugende Maßnahme kann man die Hände auch mit fetthaltigen Hautcremes oder -ölen einschmieren.

Bei kleinflächigen Verklebungen bietet sich auch Aceton an, das tröpfchenweise auf den Kleber-Rand aufgebracht wird. In Folge kann man den Kleber behutsam ablösen. Aceton darf keinesfalls großflächig auf die Haut aufgetragen werden. In Augennähe, an Schleimhäuten oder bei Verletzungen darf kein Aceton verwendet werden!

Aceton entfettet die Haut und trocknet sie aus. Weshalb die betroffenen Stellen nach der Behandlung mit Aceton wieder eingefettet werden sollten. Wird Aceton inhaliert, kann es Bronchialreizung, Müdigkeit und Kopfschmerzen hervorrufen. Aceton ist leicht entzündlich und bildet mit Luft ein explosives Gemisch. Womit offenes Feuer, auch Rauchen, während und nach dem Umgang mit Aceton zu vermeiden ist.

Stört der Sekundenkleber auf der Haut nicht, kann man auch warten, bis er sich von selbst löst. Alleine durch die Hautfeuchtigkeit geschieht dies ohne jegliche Behandlung bereits in ein bis zwei Tagen. Sekundenkleber sollte man nicht einfach so von der Haut abzuziehen versuchen. Wegen der hohen Haftkraft des Klebers könnten so Hautpartikel mit abgelöst werden. Womit durchaus größere Verletzungen entstehen könnten.

Sekundenkleber von schwer zugänglichen Teilen entfernen

Sekundenkleber sind überaus dünnflüssig und finden ihren Weg in die kleinsten Spalten und Ritze. Sie erweisen sich zudem gegenüber herkömmlichen Lösungsmitteln als überaus resistent. Am besten lässt sich Superkleber mit einer Wärmebehandlung entfernen. Das setzt voraus, dass das verklebte Teil, wie etwa ein Türschloss, ausgebaut werden kann.

Das betroffene Teil ist im Backrohr für rund 10 Minuten mit rund 250°C zu erhitzen. Dies setzt voraus, dass sich in dem Anlagenteil keine Kunststoffe befinden, die bei derartigen Temperaturen schmelzen oder sich zumindest stark verformen können. Anschließend ist zu versuchen, das Teil zu zerlegen. Gelingt dies beim ersten Mal nicht, ist sooft eine Wärmebehandlung erforderlich, bis sich die gewünschten Komponenten wieder lösen lassen.

Anschließend sind die Einzelteile in einem Acetonbad zu reinigen. Danach können die einzelnen Teile wieder zusammengebaut werden.

Blooming-Effekt vermeiden

Viele Sekundenkleber neigen zum sogenannten Blooming-Effekt. Dies ist ein weißlicher Niederschlag, bei dem sich die leicht flüchtigen Komponenten des Klebers kondensartig auf den miteinander verklebten Teilen niederschlagen. Dies geschieht am ehesten bei schlechter Belüftung und/oder einem langsamen Aushärten der Klebestelle. Begünstigt wird die Blooming-Bildung zudem durch ein zu starkes Auftragen des Sekundenklebers. Meist geschieht dies, weil man glaubt, damit eine besonders gut haftende Klebung zu erreichen. Tatsächlich ist aber das Gegenteil der Fall. Wegen eines zu hohen Klebstoffanteils kann der Sekundenkleber auch nicht schnell genug aushärten. Womit seine Fähigkeit, Teile in Sekunden zusammenzukleben, verloren geht. Zur Verbesserung der Klebeeigenschaften und gleichzeitig zur weitge-

henden Vermeidung des Blooming-Effekts ist Superkleber grundsätzlich dünn und sparsam aufzutragen.

Bildet sich dennoch der gehasste weißliche Niederschlag, lässt er sich insbesondere von glatten Oberflächen leicht abwischen. Gelingt dies nicht, lässt sich der unerwünschte Belag meist mit etwas Reinigungsbenzin oder dergleichen entfernen.

PE mit Sekundenkleber kleben

Polyethylen, kurz PE, ist eine weitverbreitete Kunststoffart. Umso mehr ärgert es, dass sich PE mit vielen Klebstoffen kaum verkleben lässt. Oft ist im Vorfeld gar nicht bekannt, mit welchem Material man es zu tun hat. Um PE zu verkleben, sind speziell dafür geeignete Sekundenkleber erforderlich.

Leim aus Textilien entfernen

Klassische Holzleime lassen sich mit herkömmlichen Lösungsmitteln nicht aus Textilien entfernen. Auch Seife, Kopfwaschmittel und Co helfen nicht weiter. Selbst nicht mit gründlichem Bürsten.

Eine Chance besteht lediglich, wenn die betroffenen Textilien für mindestens 3 Stunden in warme Waschmittellauge eingeweicht werden. Um wasserfesten Leim zu lösen, ist eine spürbar längere Einweichzeit vonnöten.

Nachdem der Leim durch das Wasser stark genug aufgeweicht wurde, kann er mit einer Handbürste wieder herausgebürstet werden. Anschließend empfiehlt sich, die Textilien „normal" zu waschen.